烟草施肥技术手册

李 想 刘海伟 孙光军◎主编

化学工业出版社
·北京·

内容简介

本书在系统介绍烟草营养元素及其生理功能、烟草养分吸收影响因素的基础上，详细介绍了三大类常见烟用肥料、四种烟草营养诊断方法以及烟草科学合理施肥的原则和技术，并以我国主要烟草产区之一的贵州为例，具体分析贵州烟区土壤养分供给状况，针对不同土壤养分需求，配套先进的施肥技术。

本书可供广大烟草生产技术人员和烟草种植大户在科学施肥过程中参考使用，也可供农业院校植物营养学、肥料学、农业化学等专业师生阅读。

图书在版编目（CIP）数据

烟草施肥技术手册 / 李想，刘海伟，孙光军主编
. —北京：化学工业出版社，2024.3
ISBN 978-7-122-45484-3

Ⅰ. ①烟…　Ⅱ. ①李…　②刘…　③孙…　Ⅲ. ①烟草 - 施肥 - 技术手册　Ⅳ. ① S572.06-62

中国国家版本馆 CIP 数据核字（2024）第 079760 号

责任编辑：孙高洁　刘　军　　文字编辑：李娇娇
责任校对：宋　玮　　装帧设计：王晓宇

出版发行：化学工业出版社（北京市东城区青年湖南街 13 号　邮政编码 100011）
印　　刷：三河市航远印刷有限公司
装　　订：三河市宇新装订厂
880mm×1230mm　1/32　印张 5　字数 131 千字
2024 年 7 月北京第 1 版第 1 次印刷

购书咨询：010-64518888　　售后服务：010-64518899
网　　址：http：//www.cip.com.cn
凡购买本书，如有缺损质量问题，本社销售中心负责调换。

定　　价：50.00 元

本书编写人员名单

主　　编：李　想　刘海伟　孙光军

副 主 编：刘艳霞　李彩斌　柳　强　孙红权　文　赟　王　朋

编写人员（按姓名汉语拼音排序）：

陈代荣　陈丽萍　冯小芽　蒋　卫　李　博　李彩斌

李　寒　李　想　李昕建　李再军　刘国权　刘海伟

刘艳霞　柳　强　毛林昌　彭　宇　石　屹　孙光军

孙红权　王程栋　王定斌　王克敏　王　朋　温明霞

文　赟　吴长兵　徐　健　许耘祥　张　标　张　灿

张　恒　张　龙　张师聂　郑　华　朱经伟　朱莹莹

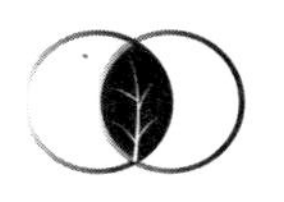

前言

肥料的广泛应用使农作物增产迅速，对提高农作物品质、维持土壤生态环境也具有重要意义。近20多年来，肥料利用率低、过量施用造成环境风险是当前施肥面临的主要技术和社会问题。而且，随着我国化肥用量持续高速增长，作物产量、种植结构和作物品种等发生了很大变化，全民对农业生态的观念意识也发生了改变，于是养分管理目标由单一增产向高产、绿色、优质等多目标转变，所以施肥与养分管理工作必须融合栽培、环保、信息等多个科学领域从而引入新的思路、方法和手段，强化产学研用协同创新，解决化肥合理施用的关键技术问题，为保障国家生态环境安全和农产品质量安全，推动农业发展“转方式、调结构”，促进农业可持续发展提供有力的科技支撑。

烟叶生产是贵州的主要支柱产业，编者团队此前围绕土壤肥力质量评价、平衡施肥、新型肥料开发应用、土壤保育工程化等方面在省域和地市尺度上分别开展了多项研究，积累了大量逻辑规范的生产基础数据。贵州烟区的生态条件使烟叶生产面临影响因子复杂、区域空间变异大等诸多困难，对肥料的科学施用也提出了更高的要求。

本书是在国家推进“一控两减三基本”化肥减量增效任务的背景下，针对肥料科学使用过程中存在的问题，在贵州省烟草专卖局大力支持下编写完成的。本书在征求广大基层烟草生产技术人员及烟农大户意见的基础上，通过对大量资料的整理和分析，通过实验示范和多次筛选验证，结合烟草产质量的要求，整理了常见肥料种类和施用要点，提出了多种施肥改进模式，以便广大烟草生产技术人员和烟农大户在施用肥料的过程中参考。

本书由贵州省烟草专卖局（公司）科技处和烟叶管理处、中国农业科学院烟草研究所、贵州省烟草科学研究院等单位组织编写。遵义市烟草专卖局（公司）、毕节市烟草专卖局（公司）、黔东南州烟草专卖局（公司）等给予了大力的支持和帮助。遵义市烟草公司李智永、蒋石香、黄峰、温明霞、张灿、彭玉龙、刘京、王小彦、黄纯杨、韩小斌、苟剑渝、冯娅等，毕节市烟草公司罗贞宝、曹廷茂、张宁、陈德慧、班国军、范龙等，黔东南州烟草公司邹光进、杨颜、刘洋、杨翠青、杨静、曲振飞等做了大量的工作。编者对以上所有支持本书编写的有关单位和专家表示衷心的感谢。

肥料的科学使用涉及面广，烟草生产又具有自身的特点，加上本书的编写人员水平和时间有限，因此，书中难免存在疏漏之处，希望读者能够给予批评指正，以便今后修订时完善和补充。

编者
2024 年 3 月

目录

第一章 烟草营养元素及其生理功能

第二章 烟草养分吸收的影响因素

第三章
常见烟用肥料

第四章
烟草营养诊断

第五章 烟草科学合理施肥

第六章 贵州烟区土壤养分供给状况

第七章
贵州蜜甜香烟叶产区施肥技术

第一章

烟草营养元素及其生理功能

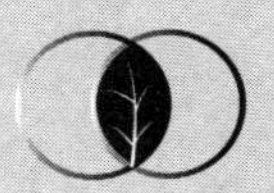

第一节
烟草正常生长需要的营养元素

烟草植株为了自身的生长发育，必须从环境中摄取水分、二氧化碳、矿质元素以及能量。烟株生长发育中所必需的这些物质的供应、吸收及利用常被称为烟草营养。在烟草营养中，同化二氧化碳和吸收矿质营养元素是两个主要过程。烟草主要通过根系从土壤中吸收各种营养元素，因此烟株根系发育状况和吸收活性的强弱就决定了烟草对矿质营养吸收的效率。

烟草植株体内含有大量的水分和各种化合物，烟草不同器官中化合物的组成各不相同。将烟株烘干即可得到干物质，其中包括有机物和无机物。干物质经过充分燃烧之后，有机物中的碳（C）、氢（H）、氧（O）、氮（N）等元素以二氧化碳、水蒸气、氮气、氨气以及氨的氧化物形态散失，小部分以硫化氢和二氧化硫的形式挥发掉，剩余一些不能挥发的物质称为灰分。灰分中的元素被称为灰分元素或矿质元素，这些元素都是以氧化物的形态存在于灰分之中。氮素在燃烧时已经散失，所以氮素不是矿质元素，但植物对氮素的需要量较大，而且氮素与矿质元素通常都是通过根系从土壤中吸收的，所以一般常和矿质元素放在一起讨论。

烟草体内的矿质元素种类很多，但烟草体内存在的大部分矿质元素目前还没有完全鉴别出它们的关键性功能，所以还不能说存在于烟草体内的元素都是生长发育所必需的营养元素。烟草生长发育所必需的营养元素通过严格的人工培养试验后才能确定。国际植物营养学会规定的植物必需元素的标准是：如无该元素，则植物生长发育受阻，不能正常完成其生活史；植物缺乏该元素时呈现特有的病症，而且加入该元素后逐渐转向正常，因此其功能不能用其他元素来代替；对植物营养的功能是直接的，而不是由改善了土壤或培养基条件所致。根据植物生长所必需的营养元素在烟草体内含量的多少，可将其分为大量元素、中量元素和微量元素。

在烟草的生长发育过程中，需要碳、氢、氧、氮、磷（P）、钾（K）等大量元素，钙（Ca）、镁（Mg）、硫（S）等中量元素和铜（Cu）、锌（Zn）、锰（Mn）、硼（B）、铁（Fe）、钼（Mo）、氯（Cl）等微量元素，这些元素各具生理功能，不能互相代替。烟株吸收的碳、氢、氧主要来自空气，钙、镁、硫、铁以及其他元素在土壤中较少缺乏，而氮、磷、钾三种元素烟株需求量较大，土壤中往往含量不足，需要施肥补给较多，因此氮、磷、钾显得非常重要，常常被称为肥料三要素。

一、大量元素

1. 氮

氮素是蛋白质、核酸、磷脂的主要成分，而蛋白质、核酸和磷脂又是原生质、细胞核和生物膜的主要组成成分，是构成生命活动的物质基础（韩锦峰，2003），直接参与植株的形态建成，因此氮素被称为生命元素。酶以及许多辅酶和辅基［例如烟酰胺腺嘌呤二核苷酸（NAD^+）、烟酰胺腺嘌呤二核苷磷酸（$NADP^+$）、黄素腺嘌呤二核苷酸（FDA）等］的构成也都有氮参与。氮还是一些植物激素如生长素和细胞分裂素、维生素（维生素 B_1、维生素 B_2、维生素 B_6、维生素 PP 等）的成分，它们对生命活动起到调节作用。此外氮是叶绿素的成分，与光合作用有密切关系。氮素直接参与了光合器官的建立，也参与了光合作用的反应过程，例如叶绿体的含量、光合速率、暗反应阶段酶的活性以及光呼吸等（曹翠玲和李生秀，2004）。此外，氮素还是烟碱的主要组分，施氮比施其他营养元素对烟碱含量提高的作用更大。

2. 磷

磷主要以 $H_2PO_4^-$ 或 HPO_4^{2-} 的形式被植物吸收。植物以哪种形式吸收磷元素较多取决于土壤 pH 大小。pH ＜ 7 时，吸收 $H_2PO_4^-$ 较多；pH ＞ 7 时，吸收 HPO_4^{2-} 较多。当磷进入根系或经木质部运输到枝叶后，大部分转变为有机物质（例如磷脂、核苷酸、核酸等），有一部分仍以无机磷的形式存在。

磷是核酸、蛋白质和磷脂的主要成分，参与细胞能量代谢、信号转导以及蛋白质修饰等生物学过程（Smith 等，2011）。磷与蛋白质合成、细胞分裂和细胞生长有密切关系。磷是许多辅酶（例如 NAD^+、$NADP^+$）的成分，它们参与光合、呼吸过程。磷是一磷酸腺苷（AMP）、二磷酸腺苷（ADP）、三磷酸腺苷（ATP）的成分，在能量转移中具有重要作用。磷还参与糖类的代谢和运输，例如在光合作用和呼吸作用中，淀粉、糖的合成、转化、降解大多是在磷酸化后才起反应的。磷对氮代谢有重要的促进作用，例如硝酸还原有 NAD^+ 和 FDA 参与，而磷酸吡哆醛和磷酸吡哆胺则参与了氨基酸的转化。磷与脂肪转化也有关系，脂肪代谢需要还原型烟酰胺腺嘌呤二核苷酸磷酸（NADPH）、腺嘌呤核苷三磷酸（ATP）、辅酶 A（CoA）和 NAD^+ 的参与。磷可提高植株对外界环境的适应性，例如磷能提高植株抗旱、抗寒、抗病等能力。

3. 钾

钾是高等植物生长发育的必需营养元素之一，是三大酶类（合成酶、氧化还原酶、转移酶）的活化剂，参与植物的核酸代谢、糖代谢、蛋白质代谢等主要代谢过程（Pettigrew 等，2008；Maqsood 等，2013），可提高植物抵抗逆境的能力和作物品质。钾能促进蛋白质的合成，钾充足时可促进形成较多蛋白质，从而使可溶性氮减少。钾能促进光能的利用，增强光合作用。K^+ 是影响细胞渗透势的重要成分，在根内，K^+ 从薄壁细胞转运至木质部，从而降低木质部的水势，使水分能够从根系表面转运到木质部。K^+ 对气孔开放有直接作用，K^+ 作用于植物的保卫细胞，进而对气孔开闭及蒸腾作用进行调控（李佛琳等，1999；江力和张荣铣，2000）。离子态的钾有使原生质胶体膨胀的作用，故施钾肥可提高抗逆性，即抗冻、抗旱、抗盐和抗病虫的能力，钾还能使植物机械组织发达，茎秆坚韧，不易倒伏。

作为大量元素，钾与氮、磷的情况不同，它在植物体内不是有机物的组成成分。钾在土壤中以氯化钾（KCl）、硫酸钾（K_2SO_4）、硝酸钾（KNO_3）等盐类形式存在，在水中解离成 K^+ 而被根吸收。在植物体内，钾呈离子状态，主要集中在生命活动最旺盛的部位，如生长点、形成层、幼叶等。

二、中量元素

1. 钙

植物从土壤中吸收 Ca^{2+} 进入植物体后，一部分仍然以离子状态存在，一部分形成难溶的盐（如草酸钙），还有一部分与有机物（例如植酸、果胶、蛋白质）相结合。钙在植物体内，主要分布在老叶或其他老组织中。

钙是植物细胞壁胞间层中果胶的成分之一，因此缺钙时细胞分裂不能进行或不能完成，从而形成多核细胞。钙离子能作为磷脂中的磷酸与蛋白质的羧基之间联结的桥梁，具有稳定膜结构的作用。钙能结合在钙调蛋白上形成复合物，该复合物能活化植物细胞中许多酶，如淀粉酶、磷脂酶、ATP 酶、脂肪水解酶等，对细胞的代谢调节起到重要作用。供给植物充分的钙能增加叶绿素和蛋白质的含量，延迟植物衰老，并且钙对植物抗病有一定作用。缺钙时，细胞壁不能形成，细胞不能正常分裂，生长点坏死，导致植株矮小，根系生长差，茎和根尖的分生组织受损（Jian 等，1999；Pandey 等，2000）。

2. 镁

镁以离子形式进入植物体，它在植物体内一部分形成有机化合物，另一部分仍以离子状态存在。镁是一切绿色植物所不可缺少的元素，因为镁参与叶绿素的构成，存在于叶绿素分子的中心，又是 1,5- 二磷酸核酮糖羧化酶、5- 磷酸核酮糖激酶等酶的活化剂，镁对光合作用有重要作用。镁在碳水化合物的新陈代谢中起着重要作用，其能促进葡萄糖激酶、丙酮酸激酶、乙酰 CoA 合成酶、异柠檬酸脱氢酶、α- 酮戊二酸脱氢酶、苹果酸合成酶、谷氨酰半胱氨酸合成酶、琥珀酰 CoA 合成酶等酶的活化，因此镁与糖的转化和降解以及氮代谢有密切关系。镁还能促进维生素 A、维生素 C 的形成，在酶系统中，镁能促进酶的活性，而酶与磷酸盐的转移有关联（刘厚诚等，2006；Cakmak 等，1994；Fiscber 和 Bremer，1993）。镁还是核糖核酸聚合酶的活化剂，脱氧核糖核酸（DNA）和核糖核酸（RNA）的合成以及蛋白质合成中氨基酸的活化过程都需要镁的参与。

3. 硫

在植物的生理功能方面，硫是大部分有机化合物的成分元素，在植物的生长发育中具有不可替代的作用，其新陈代谢主要依靠同化作用。目前，硫被列为继氮、磷、钾和钙之后烟草所需的第 5 大营养元素（曹志洪，1995），其需要量与磷相当（王庆仁和琳葆，1996）。在作物体内，硫既是构成氨基酸、蛋白质的结构组分，又是许多酶与辅酶的活性物质，参与细胞内许多重要的代谢过程和氧化还原反应。硫的不足和过量都将引起植株体内一系列复杂的生理生化变化，如代谢产物的积累减少，影响植物的生长发育、产量和品质等（Lapparticnt 和 Touraine，1996；迟凤琴等，2003）。辅酶 A 和硫素、生物素等维生素也含有硫，且辅酶 A 中的巯基（—SH）具有固定能量的作用。硫还是硫氧还蛋白、铁氧还蛋白的组分，因而在光合、固氮等反应中起到重要作用（邵惠芳等，2007）。另外，蛋白质中含硫氨基酸间的—SH 与—S—S—可相互转变，这不仅可以调节植株体内的氧化还原反应，而且具有稳定蛋白质空间结构的作用。硫对叶绿素的形成有一定的作用，硫能显著提高叶绿素 a 和叶绿素 b 的含量，尤其是叶绿素 a 的含量（李玉颖，1992）。研究表明，影响自生固氮菌和根瘤菌活性的某些酶须由植物体内的硫活化，植物的耐寒和耐旱性强弱也与植株体内的硫含量有关，在一定范围内增加硫含量可提高植株对水分的利用率（潘瑞炽，2004）。

三、微量元素

微量元素占植物体干物质量的0.0001% ～ 0.0100%。它们是铜、锌、锰、硼、钼、铁、氯等，这些元素虽然在植物体内含量甚微，但它们却是烟草生长和烟叶产量、品质形成必不可少的营养元素，缺乏这些元素时，烟草不能正常生长，若稍有逾量则会对烟草产生危害，甚至致其死亡（陈江华等，2008）。

1. 铜

铜是多种氧化酶的辅基，参与植物体内氧化还原过程，提高呼吸速率，保持叶绿素的稳定，对蛋白质与碳水化合物代谢有促进作用。铜作为多酚氧化酶、抗坏血酸氧化酶、细胞色素氧化酶的成分，在呼吸作用的氧化还原中起重要作用。在通气良好的土壤中，铜多以 Cu^{2+} 的形式被吸收，而在潮湿缺氧的土壤中，则多以 Cu^{+} 的形式被吸收。Cu^{2+} 以与土壤中的几种化合物形成螯合物的形式接近根系表面。铜还是超氧化物歧化酶（SOD）的组成成分，可能参与控制膜脂的过氧化，因而与成熟衰老有关（刘炳清等，2014）。铜也是质体蓝素的成分，它参与光合电子传递，故对光合有重要作用（韩锦峰，2003）。铜还能保持叶绿素的稳定性，对细胞内蛋白质和糖代谢有促进作用。细胞壁木质化受阻是因缺铜诱发的最典型的解剖学变化。铜在生长活跃的幼嫩组织中分布较多，对幼叶和生长顶端影响较大。

2. 锌

锌是植物合成生长素前体色氨酸的必需元素，缺锌时不能完成将吲哚和丝氨酸合成色氨酸的过程，因而不能合成生长素（IAA），从而导致植物生长受阻。锌是许多酶结构的组成成分，在这些酶中锌有催化、共活化和结构构成的作用（Vallee 和 Auld，1990；方秀等，2017）。锌能抑制核糖核酸分解酶的活性，缺锌时核糖核酸分解酶的活性提高，蛋白质合成受阻。由于锌是 RNA 聚合酶的成分，它也参与蛋白质合成的转录过程（Falchuk 等，1978）。锌主要以二价阳离子 Zn^{2+} 的形态被植物吸收，在pH较高时，也以一价阳离子$ZnOH^+$的形式被植物吸收。锌主要以有机酸结合态或游离二价阳离子形态经木质部进行长距离运输。

3. 锰

锰是植物生长必需的微量元素之一，在植物生长发育及代谢过程中参与重要的生理功能（陆景陵，1994）。在20世纪20年代，McHargue通过试验确认了锰是高等植物生长发育所必需的微量元素。锰是叶绿体的组成成分，可促进植物光合作用，有利于体内碳素同化过程。锰能调节体内的氧化还原反应，增强植物的呼吸强度，从而调控植物体内的碳、氮等代谢过程。锰还能提高作物的抗病性（安振锋和方正，2002）。锰是硝酸盐还原的辅助因素，缺锰时硝酸盐不能还原成氨，植物就不能合成氨基酸和蛋白质。锰主要以Mn^{2+}的形式被植物吸收，锰是光合放氧复合体的主要成员，缺锰时光合放氧受到抑制。锰为形成叶绿素和维持叶绿素正常结构的必需元素。锰也是许多酶的活化剂，这些酶与光合作用和呼吸作用均有关系。

4. 硼

硼对植物细胞壁的形成、细胞分裂、碳代谢、氮代谢过程起重要的调节作用。硼在植物体内碳水化合物的运输和代谢中起着重要的作用。硼参与植物体内碳水化合物的运转，促进蔗糖的合成（沈振国和沈康，1991）。硼对植物分生组织中生长素的生物合成起着重要的作用。硼能与植物体中酚类化合物发生反应，降低其含量，并调节吲哚乙酸氧化酶的活性，使生长素不致过分积累（应泉盛，2005）。硼影响植物体内核酸、蛋白质含量，缺硼会干扰植株体内正常的氮代谢，使植株体内蛋白质含量降低，可溶性含氮化合物增加（冯晓红和杨宇虹，2012）。硼能提高植物光合效率和同化物的运输能力。硼与花粉形成、花粉管萌发和受精有密切关系。硼有利于根系的生长，对植物的抗病和抗寒、抗旱能力的提高有重要的作用。硼还具有影响植物体内吲哚乙酸合成代谢的作用。硼还参与蛋白质代谢和生物碱的合成（张志华等，2010），并对木质素的形成有一定作用。缺硼植株生长停滞，根系瘦弱呈灰褐色，根、茎部肿胀剥落，木质部发育不良而植株细弱。

5. 钼

钼元素分别在1939年和1981年被证实为植物和动物生长所必需的重要微量元素，虽然其需求量微少，但在植物生长发育过程中的功能具有不可替代性。钼是硝酸还原酶和固氮酶的组分。钼的营养作用突出表现在氮代谢方面（李章海等，2008）。钼是酶的金属组分，起电子传递作用。植物吸收硝态氮后必须经过一系列的还原过程，转变成铵根离子（NH_4^+）才能用于合成氨基酸和蛋白质。首先硝酸盐被还原成亚硝酸盐，此过程需要由硝酸还原酶催化，钼是构成硝酸还原酶不可或缺的成分，如果缺钼，烟株体内就会出现硝态氮的积累，使烟草体内的氨基酸和蛋白质合成受阻。钼通过控制植物体的催化氧化还原反应进而控制植物的氮代谢、激素代谢等过程，从而调节植物的生理变化（韦司棋和李愿，2015）。钼在植物体的抗逆性、光合效率、固氮能力和氧化还原反应等方面起到重要作用（徐根娣等，2001）。

6. 铁

铁主要以Fe^{2+}的螯合物被吸收。铁进入植物体内就处于被固定状态而不易移动。铁是许多酶的辅基，例如细胞色素、细胞色素氧化酶、过氧化物酶、过氧化氢酶等。这些酶中铁可以发生$Fe^{3+}+e^- \rightarrow Fe^{2+}$的变化，它在呼吸作用电子传递中起重要作用（潘珊珊，2021），所以缺铁会使叶绿素、胡萝卜素和核酸减少，体内的有机酸和氨基酸增加，细胞分裂停滞。细胞色素也是光合电子传递链的成员，光合链中的铁硫蛋白和铁氧还蛋白都是含铁蛋白，它们都参与光合作用的电子传递。铁在叶绿素合成过程中起活化的作用，参与叶绿体蛋白的合成。叶片内叶绿素的含量受总铁量的影响，叶片内必须有一定量的铁才能形成叶绿素。原叶绿素酸酯是叶绿素的前体物，而铁对原叶绿素酸酯的合成具有重要作用，因此缺铁影响叶绿素合成，发生叶片缺绿现象。植株体内部分物质的还原及氮的固定受到铁的影响。由于铁是过氧化物酶及过氧化氢酶的组成元素，铁对植株呼吸具有重要作用。部分铁合成蛋白参与植株体内的多种生化反应，起到了积极作用（宁扬，2014）。在豆科植物中，铁是固氮酶、铁蛋白的组成部分，在固氮作用过程中发挥着重要的作用。缺铁会导致豆科植物固氮酶活性降低，从而使地上部含氮量下降。

7. 氯

氯在植物体内具有很强的移动性，这使氯离子在与阳离子维持细胞膨压以及内环境电荷平衡方面发挥重要作用。氯离子在植物光合作用水裂解过程中能促进氧的释放，并且在植物叶片保卫细胞中，氯作为钾的伴随离子参与气孔开闭，进而影响植物的光合与蒸腾作用（廖红和严小龙，2003）。植物正常生长发育过程中对氯的需要量很少，一般 150 ～ 300 mg/kg 即可满足需要，由于氯广泛存在于土壤、水和空气中，植物不仅可以通过根系从土壤中吸收氯离子，也可通过叶片从空气中吸收氯素，一般大田作物极少出现缺氯症状。

第二节
营养元素对烟草的生理作用

一、大量元素的生理作用

1. 氮的生理作用

氮素是影响烟株生长和发育以及烟叶品质最重要的元素（苏德成等，2005）。烟草的整个生育期几乎都有含氮化合物的参与，氮通过影响烟草体内糖、氨基酸、蛋白质等关键物质的含量，最终影响烟草的生长发育状况。氮素的多少不仅影响烟草的生长发育，而且更重要的是改变了烟草内在的化学成分含量，导致烟叶的物质协调性受到影响，进而影响烟叶品质（刘国顺，2003）。

烟叶氮含量在 1.20% ～ 3.50% 之间。氮素不足时，烟株生长缓慢，株茎矮小，节距短，叶片小，单位叶面积质量低。缺氮时，蛋白质、核酸、磷脂等物质的合成受阻，叶面积减小、叶色发黄从最低叶到顶叶程度递减，在整片烟叶上褪绿发黄比较均匀。严重缺氮时下部叶呈淡棕色火烧状，并逐渐干枯而死。缺氮烟叶调制后薄而轻，产量低，烟叶颜色淡或灰色，光滑并缺少理想的组织结构。氮素过多时，叶片大而深绿，脆而易断，烟株徒长。施氮量过大，常会导致烟株生长过旺，氮代谢过旺，成熟延迟，而形成黑暴烟，烟叶不易烘烤，烟叶品质低劣（武云杰等，2015）。烟叶内含氮化合物增多，游离氨基酸含量高，调制后烟叶的组织粗糙疏松，叶色暗绿或呈青黄色，严重时呈褐色甚至黑色。烟叶中含糖量明显下降，烘烤后烟叶油分少，吸水性和保水性差，干燥易碎，吃味辛辣而青杂气重，香气质差，香气量少，有很强的刺激性。

2. 磷的生理作用

磷是烟草生长必需的营养元素之一，磷素丰富有利于烟株新陈代谢，促进烤烟成熟，对烟叶的色泽与香味有改善作用，从而使烟叶的内在品质提高。磷素缺乏会导致烤烟生长发育不良，叶片长度与宽度变小，生长速度变缓，生长期延长，开花推迟，烤烟出现不正常成熟，烟叶的产质量受到严重影响（左天觉，1993）。

磷素能促进烤烟细胞分裂，与细胞分裂的数目和细胞大小有关系，并且能稳定细胞结构，提高烤烟的抗逆性，如抗旱、抗寒、抗病和抗倒伏能力，对烤烟光合作用有重要影响（陈义强，2008；江朝静等，2004）。烟草生长前期对磷素比较敏感。通常烟株吸收的氮素营养能够迅速合成氨基酸和蛋白质，当植株体内的磷素缺少时，蛋白质合成减少，从而使非蛋白质含氮化合物增多，致使生长停滞，因而移栽前期施磷效果较好。施磷对烟草早期生长的影响比对最终烤后烟叶的产量和品质的影响更明显，磷对烟草生长最明显的影响之一是缩短植株达到成熟的时间。低磷除了推迟成熟外，还会导致叶片中氮与镁的含量降低和叶片脱落。一般认为磷可以改善烤烟的颜色，与含糖量呈正相关。

烟叶磷含量在0.15%～0.5%之间。烟株缺磷时，细胞分裂减弱或停滞，使烟苗移栽后生长缓慢，根系发育不良，植株矮小，叶片狭小而呈直立状，叶色暗绿而无光泽，叶面似有红色细霜，易感病，烟叶成熟延迟。严重缺磷时，烟株先从下部叶开始出现白色小斑点，后转呈红褐色，叶斑内部色浅，周围深棕色呈环状，斑点连成斑块枯焦并出现穿孔，易破碎。磷素是可再利用元素，缺磷症状多从老叶开始，逐渐向上部叶发展。调制后的缺磷叶片深棕色或青色，缺乏光泽，品质低劣。磷适量，烟叶产量较高，色泽黄亮，油分充足，糖分较高，香气质量较好。施磷过多时，易造成烟叶增厚、叶脉突出、组织粗糙、烟株早花，使烟叶产量受到影响，调制后烟叶缺乏弹性和油分，易破碎（司辉等，2008）。另外，由于磷能促进锰的吸收，过多的磷导致叶片有带灰的杂色（挂灰烟）。

3. 钾的生理作用

钾是烟株体内多种酶的激活剂，促进烟株的碳水化合物代谢、氮代谢、脂肪代谢，调节气孔开放，维持细胞膨压，促进物质运输和机械组织发育，提高烟株抗逆性，促进烟株发育，有利于烟叶落黄成熟。钾是烟草吸收的营养元素中最多的一种。与其他大量元素相比，钾在提高植物“品质”方面有更直观的作用表现（王立梅等，2015；杨雪和王引权，2017）。研究认为，K^+可以改善叶片颜色、燃烧性和吸湿性，并且与烟叶香吃味和卷烟制品的安全性有关（杨欢等，2017）。含钾量高的烟叶田间成熟度较好。钾对烟叶一些芳香物质的合成积累有促进作用，能有效提高烟叶的香气质和香气量。钾可以增强烟叶的可燃性和阴燃持火力，降低烟叶燃烧时的温度，减少烟气中的有害物质和焦油的释放量，提高烟叶制品吸食的安全性，对提高烟叶的可用性起重要作用（闫慧峰等，2013）。钾对烤烟产量影响不大，但能改善烟叶颜色、油分，提高含糖量，增进香吃味。

钾素在植物体内属于可再利用元素，但由于钾在植株体内分布均匀，烟株缺钾时，缺钾症多先发生在烟草中上部旺长的叶片上。烟草是喜钾作物，烟叶钾含量在 1.5% ～ 4% 之间。烟草缺钾时，叶尖、叶缘处首先出现黄绿色斑块，叶面凹凸不平，严重时斑块变成红色或棕褐色枯死斑点，最后，斑点中心组织坏死脱落，使叶片的尖端和叶缘形成不规则锯齿状，叶面上也会形成一些穿孔。缺钾症在叶片上均以“V”形由叶尖向整个叶片扩展；在烟草植株上病害会逐渐向上部叶扩展，中部叶病害发展最快。缺钾症状会因氮素比例增大，特别是氮肥中的铵态氮比例增大而加剧。从整株分析，供钾不足，烟株生长缓慢，植株矮小，叶片纤维素含量降低，使烟叶机械组织发育不良，烟叶组织脆弱，颜色暗绿，由于叶尖、叶缘生长首先停滞，而叶内组织仍在生长，导致烟叶叶尖下垂，叶缘向叶背翻卷。缺钾烟株的糖代谢和氮代谢紊乱，叶片的含糖量降低，而含氮化合物含量明显提高，大大降低了烤烟的质量。缺钾症出现后再供钾，烟株的生长可得到部分恢复，轻度发皱的叶片可以逐渐平展，但已经出现的症状不能消失，对烟叶的产量特别是内在质量造成的影响很难得到挽回。

烟草施用钾肥时常常伴随着 Cl^-、SO_4^{2-}、NO_3^- 的输入，Cl^- 影响烟叶的燃烧性，烟草生产上被严格控制使用。过量使用 K_2SO_4 会给烟草带来副作用，例如使烟草生长停滞、烟叶品质下降，SO_4^{2-} 被烟草吸收后会削弱施钾所产生的促进燃烧和提高香气质、香气量的作用。KNO_3 是烟叶生产最理想的氮源和钾源。

二、中量元素的生理作用

1. 钙的生理作用

烤烟叶片钙含量通常为 1.5% ～ 2%。我国北方烟区烟叶钙含量多在 20% 以上。钙是烟草灰分的主要成分，烟草中钙的吸收量和钾吸收量相近，略低于钾。钙在烟草体内是最不易移动的营养元素之一。

钙过量会造成对烟草的毒害，推迟烟草的成熟期，造成烟叶粗糙、叶片过厚、杂气增加，还有可能造成某些微量元素的失调而影响烟草品质（Lopez-lefebre 等，2001）。烟株缺钙会造成生理紊乱，游离氨基酸含量明显增加，这可能是抑制了蛋白质合成及使某些组织中的蛋白质分解所造成的。缺钙情况下，根生长停滞，增加钙可以提高烟叶含糖量。钙不仅是一种必需营养元素，而且有助于保持烟草生长理想的土壤 pH。

2. 镁的生理作用

镁是叶绿素的组成成分，是多种酶的激活剂，参与蛋白质和脂肪合成。镁是烟草体内能够再利用的营养元素，所以缺镁症多先出现于下部老叶。镁对于烟支燃烧时烟灰的凝结性和色泽有良好作用。正常烟叶镁含量在 0.4% ～ 0.5% 之间。缺镁烟叶首先表现出叶绿素减少，叶片失绿，先在叶尖、叶缘的脉间失绿，叶肉由淡绿色转为黄绿色或白色，但叶脉仍呈绿色，失绿部分逐渐扩展到整叶，使叶片形成清晰的网状脉络。缺镁症状由下部叶逐渐向上部叶扩展。严重缺镁时，蛋白质合成受阻，蛋白态氮减少，非蛋白态氮增加，下部叶几乎变成黄色和白色，叶尖、叶缘枯萎，向下翻卷。严重缺镁烟叶调制后呈暗灰色无光泽或变成浅棕色，油分差，叶片无弹性（李银科等，2010）。镁过量烟叶储存时吸湿性增强，造成烟叶水分含量过高。

3. 硫的生理作用

硫作为烟草必需的一种中量营养元素，它是烟草体内许多酶促反应中心的必需元素，是合成叶绿素、谷胱甘肽和辅酶等的重要介质，同时也是各种含硫氨基酸的组成成分。

硫主要以 SO_4^{2-} 的形式被烟株吸收。SO_4^{2-} 进入烟株后，一部分仍保持原来的形态，而大部分被还原成硫，进而同化为含硫氨基酸，如胱氨酸和蛋氨酸（马斯纳，1991）。烟叶硫含量在 0.2% ～ 0.7% 之间。适量的硫可以平衡烟草体内养分含量，促进烟株吸收其他营养元素，提高烟叶产量，改善烟叶品质（张锡洲和李廷轩，2000）。

硫属于不易移动的元素，缺硫症状一般先出现于新叶片和上部叶的叶尖上。缺硫症状与缺氮症状相似，叶片明显失绿黄化（刘勤等，

2000）。整叶均匀黄化，叶脉发白，叶脉周围的叶肉呈蓝绿色。严重缺硫时烟株矮小，根、茎生长受阻，叶片易早衰，出现枯焦，叶尖卷曲，叶面有凸起点，但无坏死斑块出现，烟叶易破碎。

施硫量过高时会引起土壤 pH 降低，导致土壤理化性质恶化，给烟草生长带来不良影响（王国平等，2009）。过多的硫素还会抵消增施钾肥的作用，并抑制烟草对镁的吸收。吸收过多的硫时，大量 SO_4^{2-} 运输到叶片中，还原形成含硫化合物，使烟叶的燃烧性下降，甚至造成熄火现象，在燃烧过程中出现恶臭味，降低烟叶燃烧品质（孙计平等，2012）。

三、微量元素的生理作用

1. 铜的生理作用

作为烟草必需的矿质营养元素，铜参与并调控烟草的许多生理生化反应，是烟草代谢的重要调节者。Cu^{2+} 能够提高烟草多酚氧化酶的结构稳定性和抗盐酸胍变性的能力，进而影响烟草多酚氧化酶在盐酸胍诱导下的变性和复性过程（肖厚荣等，2005）。铜还能够调控烟草的光合作用。研究指出，铜对烟草光合特性的影响表现为低浓度促进和高浓度抑制的双重作用，且低浓度下的促进作用随着时间的延长而减弱，而高浓度下的抑制作用随着时间的延长而加强（李宽等，2007）。并且一定浓度的 Cu^{2+} 能够增强烟株的抗病能力（沈丹等，2011）。

当烟草缺铜时，体内的可溶性含氮化合物增加，还原糖减少，细胞内的 DNA 和 RNA 含量降低，烟株的抗病能力下降，化学成分不协调，烟叶调制后呈灰白色，工业可用性降低。缺铜烟草植株表现为烟株矮小，生长迟缓，叶片呈暗绿色，顶部新叶出现失绿现象（曹志洪等，1993）。烟草在花期缺铜时，茎顶连同花序向下弯垂，落花，不结实（刘永贤等，2007）。铜过高时烟草会出现铜毒害症状，即在生长旺盛或大叶上出现红铜色枯死斑点，不利于烟株的生长发育。

2. 锌的生理作用

锌是许多酶的组成成分和激活剂，参与烟株体内氧化还原、光合作用、蛋白质和碳水化合物代谢过程。锌还参与烤烟烟叶叶绿素的合成，进而增强烟株的光合作用能力（张贵常和吴兆明，1984）。锌能提高烟株的抗病能力，尤其是抑制烟草花叶病毒的入侵（刘国顺等，1998）。研究表明，适当的氮钾锌肥配合施用能显著增强烤烟烟叶的超氧化物歧化酶和硝酸还原酶活性，增强烟株的抗逆性，且对烟草根系活力的提高也有促进作用，以旺长期效果最显著（常蓬勃等，2008）。

烟株缺锌时，生长缓慢，烟株矮小，茎节距短缩，叶片扩展受抑，叶面皱褶，叶片小而增厚，顶叶簇生，叶面皱缩扭曲。上部叶片色暗绿，叶脆，易破损。根尖形成层的分生组织活动停止，叶片组织坏死，根尖形成小瘤。严重时下部叶脉间出现枯斑，枯斑先由老叶开始出现水渍状灰褐色斑点，有时围绕叶缘形成一圆形“晕轮”。后枯斑呈灰棕到黑棕色并伴有黑色小颗粒出现。适量施用锌肥，可促进烟株腋芽的生长，促进烟株生长发育，使烟株长高和干物质积累增加，叶片生长旺盛（赵传良，2001）。

刘国顺等（2002）研究表明，施用锌肥可提高烟叶的叶绿素含量，同时可使烟苗的根系活力增强，扩大根系营养吸收面积。并且，施锌处理可提高烟苗叶片中的硝酸还原酶活性，提高烟株的氮代谢。锌肥可增强烟株对钾素营养的吸收积累率，提高烤烟烟叶的阴燃持火性，协调烟叶香吃味。施用锌肥可促进烤烟烟碱的合成，合理施用锌肥，可使烟叶糖含量增加，蛋白质含量降低，协调烟叶的化学成分，提高烟叶品质（黄学跃等，2003；陈丽鹃等，2013）。

3. 锰的生理作用

锰是烟株体内许多氧化还原酶的成分，参与烟株体内氧化还原过程，对光合作用，以及蛋白质、碳水化合物和脂肪代谢都有影响。在化学组成上，缺锰往往是由于硝酸盐的积累（胡国松等，2000）。烟草缺锰的一般症状是烟株矮化，在新生叶的叶脉间失绿、黄化，逐渐形成黑褐色细小斑点，斑块合并，最后形成锯齿状。缺锰烟株纤弱，茎秆细长，叶片变狭窄。缺锰症状首先在幼嫩部分出现，叶片软而下垂，脆弱易折，脉间褪绿变黄，叶脉及脉周缘仍保持绿色，沿主脉两侧叶肉出现条状白色疱点，整叶不均匀褪绿使其呈网状，严重时出现黄褐色小斑点，逐渐扩展分布于整个叶片上，褪绿变黄部分渐变为褐色，进而转为棕褐色。叶尖、叶缘枯焦卷曲，原来的黄褐斑点扩大联结成片，直至坏死脱落。因锰是不能再利用元素，故施锰也不能使原有症状消失。

4. 硼的生理作用

在烟草的生长发育中，硼主要以硼酸根离子（BO_3^{3-}）的形态进入烟株体内，在烟株生理生化过程中发挥着重要的作用（张玲等，2013）。硼参与蛋白质代谢、生物碱合成、物质运输以及钾等元素的相互转化（左天觉，1993）。硼参与尿嘧啶和叶绿素的合成，影响碳水化合物运输和蛋白质代谢运输，进而影响烟叶的产量和品质（张玲等，2013）。硼还通过对钙、钾等元素的相互作用对烟叶产量和品质产生影响。硼素还影响植物激素细胞分裂素、生长素等的合成，进而影响烟草植株的生长发育（Ruiz 等，1999）。叶绿素是进行光合作用的重要色素之一，是决定烟叶产量和质量的物质基础。硼能提高烟草旺长期烟叶叶绿素含量、烟株光合效率和叶片的蒸腾速率，增加光合产量，促进干物质的积累（何远兰，2007；崔国明等，2000）。硼供应不足会使烟株韧皮部中淀粉和糖分运输受阻，使糖分和蛋白质失去流动性，导致烟株中淀粉和糖分含量上升（周冀衡，1996）。

硼属不易移动元素，一旦被细胞壁结合后，很难被释放出来转移再利用（Zeng 等，2008；Han 等，2008）。所以，缺硼症状多在地上部和地下部的顶端和幼嫩组织上发生。在烟株缺硼时，顶芽枯死，生长停滞，呈丛生状；相反，硼营养过量，烟株变矮、营养生长期缩短、生殖生长期提前，不利于烟叶产量和质量的提高（崔国明，1994）。缺硼的幼嫩叶叶色呈青绿色，畸形、扭曲，上部叶细而尖，叶片失绿从叶基部开始。畸形叶中脉和支脉呈深棕色并有黑色条纹，下部叶变厚发脆，中脉易折断，叶面变形，有似油状物覆于叶面。缺硼严重时造成顶芽坏死发黑，形成较多的侧芽，而新形成的侧芽也很快坏死，使烟株呈簇生状，叶内维管束组织变黑。如花期缺硼，则不开花或花而不实，花序易萎蔫。缺硼会导致烟茎的输导组织发育不良，硼素供应过量又会造成植株的扭曲变形，严重影响烟株的生长发育和烟叶产量和质量（李章海和丁伟，2002）。缺硼时产生过量的生长素会抑制根系的生长，同时也影响烟株内烟碱的含量。硼肥的施用对烟草的生长发育有着重要影响，适量施用硼肥能促进烤烟的生长发育和干物质的积累。

5. 钼的生理作用

钼是硝酸还原酶和固氮酶的辅酶，参与烟株氮代谢过程。钼素营养对烟草的影响体现在多方面。如钼元素直接影响烟草的固氮能力；钼元素与植物体光合色素含量关系密切，钼营养不足可能会阻碍植物体叶绿素的合成而导致叶绿素含量降低，影响植物光合作用的效率。对烟草施用钼肥后，能够通过调控含钼酶的活性进而提高烟草的抗寒能力，还可以通过提高烟叶细胞中多种防御酶的活性，提高烟株抗青枯病的能力；在烤烟生长发育期内施用钼肥能够提高烟草的叶长、叶宽和单叶重，显著提高烟草产量；能够提高多个烤烟品种的中上等烟比例，降低上部叶厚度，有利于改善烤后烟的产量和质量，提高烟农收益（李良木等，2017）。

烟株缺钼时生长缓慢，植株细长，叶片伸长不展开，呈狭长状；幼叶有坏死区域；老叶边缘由黄变白，小而厚；脉间有坏死小斑块，叶片因脉间有叶肉皱缩，使叶面呈波浪状；主脉发黄，根系瘦弱。烟株因缺钼而引起早花、早衰。当钼过高时也造成烟草生长缓慢，提前开花，叶片发黄，根系受阻。

6. 铁的生理作用

铁参与烟株体内氧化还原过程，是多种酶的活化剂，参与光合作用、核酸和蛋白质合成。铁是不易重复利用的元素，因而缺铁症状先在顶芽和上部幼叶上发生，缺铁使叶片褪绿黄化，严重时由黄白色变为白色，但老叶仍为绿色。上部叶也会出现叶肉褪绿而叶脉仍保持绿色的现象，叶面呈绿色网纹状；中上部叶除主脉呈绿色外，其余均白化后转为褐色，并出现坏死斑块，枯斑易脱落，叶片易破碎。由于上部叶生长受到抑制而使烟株的株形呈三角形。烟叶中铁含量过高时，烟叶调制后易挂灰，烟气质量下降。但是根系能够活化铁，因此缺铁症状很少见到。

7. 氯的生理作用

氯也是烟草必需的营养元素，但烟草属于耐氯性较弱的植物，因此被称为“忌氯”作物。尽管按照植物对氯的需求，氯被划分在微量元素之列，但烟叶中氯离子的含量通常超出微量元素含量范围。一般认为，烟叶含氯量以 0.3% ～ 0.8% 为宜，达 1% 时影响阴燃持火性，高于 1% 时就出现黑灰熄火现象。氯参与了烟株光合作用和气孔调节，激活 ATP 酶，调节渗透压。适量的氯供应有利于烟草生长，增加细胞膨压而提高抗旱能力，能减少因干旱而造成的叶片枯斑现象，提高烟叶产量，改善烟叶品质。

烟叶的含氯量与土壤含氯量呈正相关，烟叶含氯量过高会降低燃烧性和吸湿性。烟叶含氯量过高还干扰糖类的正常代谢，使叶片淀粉积累多，叶肥厚而脆，叶缘向上卷起，叶面光滑；同时叶片呈现暗淡而不均匀的色彩，吸湿性大，存放时颜色变深，并产生不良气味。氯对烟叶的外观颜色、弹性、燃烧性、含水量以及烟叶的贮存质量等均有重要影响（王瑞新，2003）。所以，氯含量高低是判断其烟叶品质优劣性的重要指标（胡国松等，1997）。

参考文献

安振锋, 方正,2002. 植物锰营养研究进展 [J]. 河北农业科学 ,6(4):35-41.

曹翠玲, 李生秀,2004. 氮素形态对作物生理特性及生长的影响 [J]. 华中农业大学学报

(5):581-586.

曹志洪 ,1995. 优质烤烟生产的钾素与微素 [M]. 北京：中国农业科技出版社 .

曹志洪 , 凌云霄 , 李仲林 , 等 ,1993. 烤烟营养及失调状图谱 [M]. 南京 : 江苏科学出版社 .

常蓬勃 , 李志云 , 杨建堂 , 等 ,2008. 氮钾锌配施对烟草超氧化物歧化酶和硝酸还原酶活性及根系活力的影响 [J]. 中国农学通报 ,24(1):266-270.

陈江华 , 刘建利 , 李志宏 , 等 ,2008. 中国植烟土壤及烟草养分综合管理 [M]. 北京 : 科学出版社 .

陈丽鹃 , 沈晗 , 刘晓颖 , 等 ,2013. 腾冲火山灰植烟土壤增施镁、锌、硼肥对烤烟产量和质量的影响 [J]. 湖南农业大学学报 ,39(6):591-596.

陈义强 ,2008. 氮磷钾肥对烤烟内在品质的影响及其施肥模型 [D]. 郑州 : 河南农业大学 .

迟凤琴 , 魏丹 , 申惠波 , 等 ,2003. 黑龙江省主要耕地土壤硫素现状研究 [J]. 土壤学报 ,34(3):209-211.

崔国明 ,1994. 烤烟中微肥试验 [J]. 中国烟草 (1):16-19.

崔国明 , 黄必志 , 柴家荣 , 等 ,2000. 硼对烤烟生理生化及产质量的影响 [J]. 中国烟草科学 ,21(3):14-18.

方秀 , 范艺宽 , 许自成 , 等 ,2017. 烟草锌素营养研究进展 [J]. 中国农学通报 ,33(19):46-51.

冯晓红 , 杨宇虹 ,2012. 硼在烟草生产中的应用研究进展 [J]. 作物研究 ,26(2):197-200.

韩锦峰 ,2003. 烟草栽培生理 [M]. 北京 : 中国农业出版社 .

何远兰 ,2007. 硼营养对烤烟碳氮代谢和品质的影响及机理的研究 [D]. 南宁 : 广西大学 .

胡国松 , 赵元宽 , 曹志洪 , 等 ,1997. 我国主要产烟省烤烟元素组成和化学品质评价 [J]. 中国烟草学报 ,3(1):36-44.

胡国松 , 郑伟 , 王震东 , 等 ,2000. 烤烟营养原理 [M]. 北京 : 科学出版社 .

黄学跃 , 樊在斗 , 柴家荣 ,2003. 有机肥与中微肥对晒烟品质的影响 [J]. 云南农业大学学报 ,18(1):10-13.

江朝静 , 周众 , 朱勇 ,2004. 不同施磷水平对烤烟生长和品质的影响 [J]. 耕作与栽培 (2):27-29.

江力 , 张荣铣 ,2000. 不同氮钾水平对烤烟光合作用的影响 [J]. 安徽农业大学学报 ,27(4):328-331.

李佛琳 , 彭佳芬 , 肖凤回 , 等 ,1999. 我国烟草钾累积研究的现状与展望 [J]. 中国烟草科学 (1):22-25.

李宽 , 孙婷 , 刘鹏 , 等 ,2007. 铜对烟草光合特性的影响 [J]. 广东农业科学 (1):15-17.

李良木 , 范艺宽 , 许自成 ,2017. 烟草钼素营养研究进展 [J]. 作物杂志 (6):12-16.

李银科 , 杨光宇 , 李忠 , 等 ,2010. 中量元素对烟叶质量影响的研究进展 [J]. 云南大学学报 (自然科学版),32(S1):219-221+226.

李玉颖 .1992. 硫在作物营养平衡中的作用 [J]. 黑龙江农业科学 (6):37-39.

李章海，丁伟，2002. 烟草生产理论与技术 [M]. 合肥：中国科学技术大学出版社.

李章海，宋泽民，黄刚，等，2008. 缺钼烟田施钼对烟草光合作用和氮代谢及烟叶品质的影响 [J]. 烟草科技 (11):56-58.

廖红，严小龙，2003. 高级植物营养学 [M]. 北京：科学出版社.

刘炳清，李琦，蔡凤梅，等，2014. 烟草铜素营养研究进展 [J]. 江西农业学报，26(3):76-79.

刘国顺，2003. 烟草栽培学 [M]. 北京：中国农业出版社.

刘国顺，王文亮，郝伟宏，等，1998. 锌肥对烤烟生长发育的影响 [J]. 河南农业大学学报 (S1):93-96.

刘国顺，习向银，时向东，2002. 锌对烤烟漂浮育苗中烟苗生长及生理特性的影响 [J]. 河南农业大学学报，36(1):18-22.

刘厚诚，陈细明，陈日远，2006. 缺镁对菜薹光合作用特性的影响 [J]. 园艺学报，33(2):311-316.

刘勤，张新，赖辉比，等，2000. 土壤烤烟系统硫素营养研究 Ⅰ 土壤硫素营养状况及对烤烟生长发育的影响 [J]. 中国烟草科学 (4):24-26.

刘永贤，李桂香，农梦玲，等，2007. 烟草微量元素缺乏症状的研究进展 [J]. 广西农学报，22(30):48-51.

陆景陵，1994. 植物的营养学 [M]. 北京：北京农业大学出版社.

马斯纳，1991. 高等植物的矿质营养 [M]. 北京：北京农业大学出版社.

宁扬，2014. 百色烤烟中量和微量元素营养状况及其对烟叶品质的影响 [D]. 北京：中国农业科学院.

潘瑞炽，2004. 植物生理学 [M]. 北京：高等教育出版社.

潘珊珊，2021. 锌铁硒引发提高烟草种子耐寒性的研究 [D]. 杭州：浙江大学.

邵惠芳，任晓红，乔宁，等，2007. 烟草硫素营养研究进展 [J]. 中国农学通报 (3):304-307.

沈丹，单莹，那艳斌，等，2011. 矿质元素对烟草病程相关蛋白及抗性生理指标的影响 [J]. 现代农业科技 (6):56-59.

沈振国，沈康，1991. 硼在油菜体内分配和运输的研究 [J]. 南京农业大学学报，14(4):13-17.

司辉，孙敬国，闫铁军，等，2008. 肥料对烤烟产量和品质影响的研究进展 [J]. 安徽农业科学，36(31):13713-13715+13719.

苏德成，王元英，王树声，等，2005. 中国烟草栽培学 [M]. 上海：上海科学技术出版社.

孙计平，李雪君，孙焕，等，2012. 烟草减害降焦研究进展 [J]. 河南农业科学，41(1):11-15.

王国平，向鹏华，曾惠宇，等，2009. 不同供硫水平对烟叶产、质量的影响 [J]. 作物研究，23(1):35-37.

王立梅，刘奕清，阮玉娟，2015. 植物钾素研究进展 [J]. 中国园艺文摘，31(5):71+148.

王庆仁，琳葆，1996. 植物硫营养研究现状与展望 [J]. 土壤肥料 (3):16-19.

王瑞新，2003. 烟草化学 [M]. 北京：中国农业出版社.

韦司棋，李愿，2015. 钼元素在植物体内效应的研究 [J]. 资源节约与环保 (3):252.

武云杰，戚莹，张小全，等，2015. 不同烤烟品种叶片衰老与质体色素降解及降解产物含量的关系 [J]. 华北农学报，30(5):197-204.

肖厚荣，刘清亮，徐小龙，等，2005. 铜离子对烟草多酚氧化酶变性和复性影响的热力学研究 [J]. 无机化学学报，21(4):505-510.

徐根娣，刘鹏，任玲玲，2001. 钼在植物体内生理功能的研究综述 [J]. 浙江师范大学学报（自然科学版），24(3):292-297.

闫慧峰，石屹，李乃会，等，2013. 烟草钾素营养研究进展 [J]. 中国农业科技导报，15(1):123-129.

杨欢，王勇，李廷轩，等，2017. 烟草含钾量的基因型差异及钾高效品种筛选 [J]. 植物营养与肥料学报，23(2):451-459.

杨雪，王引权，2017. 钾素营养对药用植物品质形成影响的研究进展 [J]. 浙江中医药大学学报，41(8):711-714.

应泉盛，2005. 氮钙硼对青花菜生理特性影响的研究 [D]. 杭州：浙江大学.

张贵常，吴兆明，1984. 锌对番茄叶绿体亚显微结构的影响与光强度的关系（简报）[J]. 实验生物学报 (4):117-121.

张玲，李琦，朱金峰，等，2013. 烟草硼素营养研究进展 [J]. 江西农业学报，25(12):89-92.

张锡洲，李廷轩，2000. 对四川土壤硫素资源及硫肥施用问题的浅析 [J]. 四川农业大学学报 (2):183-185+192.

张志华，向鹏华，方其春，2010. 施硼对烤烟产量和品质的影响研究 [J]. 湖南农业科学 (3):62-63+66.

赵传良，2001. 烤烟锌肥与关联养分调施技术的探讨 [J]. 土壤肥料 (3):32-35.

周冀衡，1996. 烟草生理与生物化学 [M]. 合肥：中国科学技术大学出版社.

左天觉，1993. 烟草生产的生理和生物化学 [M]. 上海：上海远东出版社.

Cakmak I, Hengeler C, Marschner H, 1994. Partition of shoot and root dry matter and carbohydrates in bean plants suffering from phosphorus, potassium and magnesi-um deficiency[J]. Journal of Experimental Botany, 45: 1245-1250.

Falchuk K H, Hardy C, Ulpino L, et al., 1978. RNA metabolism, manganese, and RNA polymerases of zinc sufficient and zinc deficient *Euglena gracilis*[J]. Proceedings of the National Academy of Sciences of the United States of America, 75: 4175-4179.

Fiscber E S, Bremer E, 1993. Influence of magnesium deficiency on rates of leaf expansion, starch and su-crose accumulation, and net assimilation in *Phaseolus vulgairs*[J]. Physiologia Plantarum, 89: 271-276.

Han S, Chen L S, Jiang H X, et al., 2008. Boron deficiency decreases growth and photosynthesis, and increases starch and hexoses in leaves of citrus seedlings[J]. Journal of Plant Physiology, 165: 1331-1341.

Jian L C, LI J H, Chen W P, 1999. Cytochemical localization of calcium and Ca^{2+}-ATPase activity in plant cells under chilling stress: a comparative study between the chilling sensitive maize and the chilling insensitive winter wheat[J]. Plant and Cell Physiology, 40: 1061-1071.

Lapparticnt A G, Touraine B, 1996. Demand-driven control of root ATP-sulfrurlase activity and SO_4^{2-} uptake in intact canola[J]. Plant Physiology, 111: 147-157.

Lopez-lefebre L R, Rivem R M, Garcia P C, et al., 2001. Effect of calcium on mineral nutrient uptake and growth of tobacco[J]. Journal of the Science of Food and Agriculture, 81: 1334-1338.

Maqsood M, Shehzad M A, Wahid A, et al., 2013. Improving drought tolerance in maize (*Zea mays*) with potassium application in furrow irrigation systems[J]. International Journal of Agriculture& Biology, 15: 1193-1198.

Pandey S, Tiwari S B, Upadhyaya K C, 2000. Calcium signaling: Linking environmental signals to cellular functions[J]. Critical Reviews in Plant Sciences, 19: 291-318.

Pettigrew W T, 2008. Potassium influences on yield and quality production for maize, wheat, soybean and cotton[J]. Physiologia Plantarum, 133: 670-681.

Ruiz J M, Rivero R M, Romero L, et al., 1999. Response of phenol metabolism to the application of carbendazim plus boron in tobacco[J]. Physiologia Plantarum, 106: 151-157.

Smith S E, Jakobsen I, Grønlund M, et al., 2011. Roles of arbuscular mycorrhizas in plant phosphorus nutrition: interactions between pathways of phosphorus uptake in arbuscular mycorrhizal roots have important implications for understanding and manipulating plant phosphorus acquisition[J]. Plant physiology, 156: 1050-1057.

Vallee B L, Auld D S, 1990. Zinc cordination, function and structure of zinc enzymes and other proteins[J]. Biochemistry, 29: 5647-5659.

Zeng C, Han Y, Shi L, et al., 2008. Genetic analysis of the physiological responses to low boron stress in *Arabidopsis thaliana*[J]. Plant, Cell and Environment, 31: 112-122.

第二章

烟草养分吸收的影响因素

第一节
养分

在烟草生长发育的过程中，需要从外界环境中汲取维持其生命活动所必需的养分。养分本质是有营养的物质，尤指可以被绿色植物摄取并在植物生命活动中应用的化学元素或无机化合物和有机化合物。对于烟草等大田作物来说，尤其应该关注土壤养分。土壤养分种类、养分形态、养分含量、养分移动性均影响烟草的养分吸收。

一、养分种类

矿质营养元素的种类对于烟草养分的吸收有较大影响，营养元素在土壤中或植株中可以相互产生影响，或者一种元素在与第二种元素以不同水平相混合施用时产生了不同效应。具体地说，两种营养元素之间能够产生促进作用或拮抗作用。这种相互作用在大量元素之间、微量元素之间以及微量元素与大量元素之间均有发生。可以在土壤中发生，也可以在烟草植株内发生。这些相互作用改变了土壤和植物的营养状况，从而调节土壤和植物的功能，影响烟草的生长和发育。

1. 拮抗作用

营养元素之间的拮抗作用是指某一营养元素或离子的存在，能抑制另一营养元素或离子的吸收。主要表现在阳离子与阳离子之间或阴离子与阴离子之间。

一些一价阳离子之间存在着拮抗作用，据试验，K^+、Cs^+（铯离子）和 Rb^+（铷离子）彼此间都有拮抗作用，因这些离子的水合半径较接近，它们在载体上争夺结合位，并且 K^+、Rb^+ 的竞争力大于 Cs^+。NH_4^+ 对 Cs^+ 也有拮抗作用，但不及 K^+、Cs^+、Rb^+ 间那样明显，而 K^+ 对 Na^+（钠离子）、NH_4^+ 的吸收也有明显的拮抗。还有土壤的 pH 值即 H^+ 的浓度也直接影响着一些离子的吸收，如 pH 值低，H^+ 多，对 K^+、Na^+、Cs^+、NH_4^+ 等的吸收有拮抗，pH 值升高，阳离子间的拮抗作用减弱，而阴离子间的拮抗作用增强。

另外，一价离子与二价离子间也有拮抗作用，它们不是争夺结合位，而大多是影响质膜上通道蛋白的活性或是电势的竞争，进而影响其吸收性。如 Ca^{2+} 对 Na^+ 的吸收有抑制作用，因为 Ca^{2+} 关闭膜通道蛋白，使质膜结构稳定而抑制吸收。对盐碱土施用石膏，不仅可改良土壤，由于土壤溶液中有 Ca^{2+} 的存在，还可以减少作物对 Na^+ 的吸收。H^+ 对 Mg^{2+} 也有拮抗，H^+ 多，Mg^{2+} 的吸收减少。此外，K^+ 对 Na^+、Mg^{2+} 的吸收都有拮抗作用，所以在生产上施钾过多往往导致缺镁，尤其是酸性环境。再就是二价离子间也有拮抗作用，像 Ca^{2+} 与 Mg^{2+}、Ca^{2+} 与 Zn^{2+} 之间都有拮抗。

阴离子与阴离子之间也存在拮抗作用，主要表现在电荷价数相同的阴离子之间。如 NO_3^- 与 Cl^- 在植物根、茎中都有抑制作用。另外，SO_4^{2-} 与 SeO_4^{2-}（硒酸根离子）、Cl^- 与 Br^-（溴离子）、NO_3^- 与 $H_2PO_4^-$ 都有拮抗作用，它们主要在质膜上争夺结合位，彼此间影响吸收。还有土壤溶液中的 OH^- 浓度，也影响阴离子的吸收，如 OH^- 浓度增加，NO_3^- 吸收减弱，OH^- 浓度降低，NO_3^- 吸收增强。阴离子与阳离子之间既有拮抗作用又有协同作用，比如 NH_4^+ 拮抗 NO_3^- 的吸收，NO_3^- 却不会抑制 NH_4^+ 吸收；Ca^{2+} 抑制 NO_3^- 的吸收；K^+ 拮抗 PO_4^{3-} 等。

已知部分拮抗作用机理：性质相近的阳离子间的竞争为，竞争原生质膜上结合位点，如 K^+/Rb^+。不同性质的阳离子间的竞争为，竞争细胞内部负电势，如 K^+、Ca^{2+} 对 Mg^{2+}。阴离子间的拮抗作用为，竞争原生质膜上结合位点，如 AsO_4^{3-}（砷酸根离子）/PO_4^{3-}；Cl^-/NO_3^- 则与细胞内阴离子浓度的反馈调节有关。NH_4^+ 与 NO_3^- 间拮抗作用为：① NH_4^+ 降低细胞对阳离子的吸收，H^+ 释放减少，使 H^+-NO_3^- 共运输受到影响；②进入细胞的 NH_4^+ 对外界 N 吸收产生反馈抑制作用。

图 2-1 为营养元素之间的拮抗作用与协同作用。

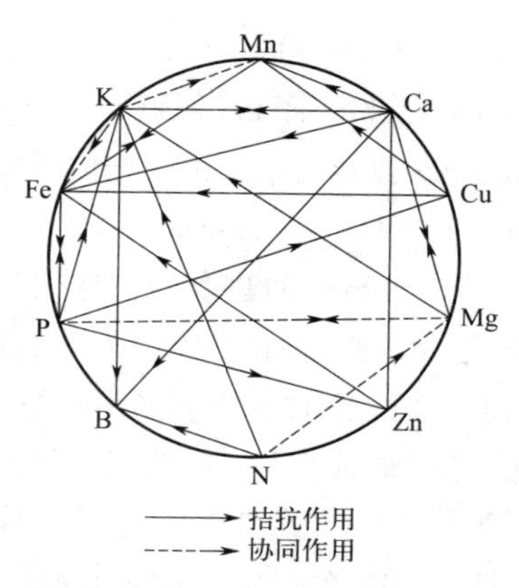

图 2-1　营养元素之间的拮抗作用与协同作用

2. 协同作用

营养元素之间的促进作用是指某一营养元素或离子的存在能够促进另一营养元素或离子的吸收。这里要提到维茨效应，即 Ca^{2+}、Mg^{2+}、Al^{3+}（铝离子）等二价及三价阳离子，特别是二价钙离子在相当广泛的浓度范围内能促进 K^+、Rb^+ 以及 Br^- 等一价离子吸收的效应。阴离子如 NO_3^-、$H_2PO_4^-$、SO_4^{2-} 均能促进阳离子如 K^+、Ca^{2+}、Mg^{2+} 等的吸收。而磷能促进钼的吸收和运转，这是由于形成了更易为植物吸附的复杂磷钼酸盐阴离子，而刺激了钼的摄取。还有氮能促进磷的吸收，因为植物体内有机物的同化都与氮、磷密切相关，生产上氮磷配合施用，其增产效果超过单独施用，就是这个道理。同样，钾也能促进氮的吸收。此外，阴离子与阴离子之间也有促进作用，一般多价的促进一价的吸收。

二、养分形态

土壤养分的形态直接关系到养分的有效性。土壤养分按其化学形式可分有机态和无机态两大类，烟草吸收的养分形式以离子或无机分子为主，也包括少部分的有机形态的物质。土壤中能为当季作物吸收利用的那一部分养分称为土壤有效养分，土壤有效养分是决定植物生长和土壤生产力的主要因素之一，是土壤肥力的重要因子之一。土壤养分按照存在的形态不同，对烟草的有效性差别较大。土壤养分形态可转化、活化为有效形态，也可固定为无效形态。

1. 水溶态养分

水溶态养分指能够溶于水的养分，这类养分存在于土壤溶液中，极易被植物吸收利用，对植物的有效性高。水溶态养分包括大多数无机盐离子（K^+、Ca^{2+}、Mg^{2+}、NH_4^+、NO_3^-等）和少部分结构简单、分子量小的有机化合物（氨基酸、酰胺、葡萄糖、尿酸等）。

2. 交换态养分

交换态养分主要指吸附于土壤胶体表面的交换性离子（NH_4^+、Mg^{2+}、K^+、Ca^{2+}等），由于土壤胶体带负电，交换性离子往往是阳离子。土壤胶体的离子与土壤胶体的离子、根系表面的离子、土壤溶液中的离子等可以进行交换，并保持相对平衡。水溶态养分和交换态养分对植株养分具有速效直接性，也可称为速效养分。

3. 缓效态养分

缓效态养分主要指某些矿物中较易释放的养分。例如黏土矿物晶格固定的钾、伊利石矿物及部分黑云母的钾，这部分养分的释放是一个长期的过程，对当季作物的一次有效性较差，但长期来看对作物和土壤的养分补充有着积极意义，可作为速效养分的重要补充来源。

4. 难溶态养分

难溶态养分是指存在于土壤原生矿质中且不易分解释放的养分。如氟磷灰石中的磷、正长石中的钾，它们的释放需要极为长期的风化过程，因此难溶态养分是植物的主要储备养分，但难以在短期运用。浓度较高的难溶态养分矿质可作为肥料提炼的原料。

5. 有机态养分

有机态养分主要是指存在于土壤有机质中的养分，其中部分不能被植物直接吸收利用，需要经土壤微生物作用分解转化成为速效养分才能被植物直接吸收。作为土壤固相部分的重要组成成分，土壤有机质也是烟草植物营养的主要来源之一。土壤有机质主要来源于植物、动物及微生物残体，其中高等植物为主要来源。除提供作物直接养分的作用外，有机态养分的作用还包括保水、保肥和缓冲作用；促进团粒结构的形成，改善土壤物理性质；减轻或消除土壤中农药的残毒和重金属污染等。

三、养分含量

土壤养分的含量影响养分的吸收，表现在强度因素和容量因素影响土壤对烟草根系的养分供应，最主要因素有：土壤溶液的实际浓度(I)、养分的补充速率（B）以及土壤剖面中易溶性养分的数量（Q）。I 就是养分供应强度，值越大，植物越容易吸收；反之，则较难吸收。Q 为数量或容量因素，反映的是土壤能够提供的养分总量。B 为缓冲能力，指土壤溶液中养分浓度每变化一个单位，所能得到的养分补充，即：$B=\frac{Q}{I}$。根际土壤养分的分布与土体比较关系可能有以下三种状况：

1. 养分富集

当土壤溶液中养分浓度高，植物蒸腾量大，养分供应以质流方式为主时，根对水分的吸收速率高于养分吸收速率，根际养分浓度增加并高于土体的养分浓度，出现养分累积区。

2. 养分亏缺

当土壤溶液中养分浓度低，植物蒸腾强度小，根系吸收土壤溶液中养分的速率大于吸收水分的速率时，根际即出现养分亏缺区。

3. 养分持平

一定条件下，当水分蒸腾速率和养分吸收速率相等时，根际没有养分浓度梯度。

烟草生产中的施肥要保证各类养分的土壤状况维持在养分持平的相对平衡状态，养分亏缺会导致烟草养分缺失，进而影响烟草的生长发育与产量形成；另外，根际养分富集也容易导致烧苗烧根。

四、养分移动性

有效态养分只有到达根系表面才能被烟草吸收，成为实际的有效养分。相对于整个土体来说，根系的分布只占据极少的空间，平均约为 3% 的土壤容积。因此大部分的有效养分必须通过不同途径和方式迁移到根表才能成为植物的有效养分。养分在烟草植株内进行循环和再利用，能一定程度缓解养分的缺乏，再就是了解养分的消耗损失过程，有助于针对性地减少养分浪费。

1. 土壤养分向根表的迁移方式

（1）截获

截获是指植物根系在生长过程中直接接触养分而使养分转移至根表的过程，是根对土壤养分的主动截获。通过接触交换，截获所得的养分实际是根系所占据土壤容积中的养分，约占总吸收养分的 1%，远小于植物的需要。截获所得养分量主要取决于根系容积大小和土壤中有效养分的浓度，通过截获获取的营养元素主要是钙和少量的镁。

（2）质流

质流是指植物的蒸腾作用和根系吸水造成根表土壤与土体之间出现明显水势差，土壤溶液中的养分随水流向根表迁移的过程。通过质流运输的养分数量多，养分迁移的距离长。养分通过质流到达根部的数量与植物的蒸腾率呈正相关，与土壤溶液中该养分的浓度呈正相关。NO_3^-、Ca^{2+}、Mg^{2+}、SO_4^{2-} 等主要通过质流到达根部吸收区域。

（3）扩散

扩散是指由于植物根系对养分离子的吸收，导致根表离子浓度下降，从而形成土体 - 根表之间的浓度梯度差，使养分离子从浓度高的土体向浓度低的根表迁移的过程。土壤养分的扩散作用具有速度慢、距离短的特点。扩散速率主要取决于扩散系数，离子在不同介质中的扩散系数与移动距离的估算值见表 2-1。土壤水分含量、养分离子的扩散系数（NO_3^- > K^+ > $H_2PO_4^-$）、土壤质地、土壤温度等对土壤扩散系数都有影响。$H_2PO_4^-$、HPO_4^{2-}、K^+ 等主要通过扩散被烟草根系吸收。

表 2-1　离子在不同介质中的扩散系数与移动距离的估算值

离子	扩散系数 / (m^2/s)		土壤中移动距离
	水	土	
NO_3^-	1.9×10^{-9}	5×10^{-11}	3.0
K^+	2.0×10^{-9}	5×10^{-12}	0.9
$H_2PO_4^-$	0.9×10^{-9}	1×10^{-13}	0.13

2. 养分的循环与再利用

植物根系从介质中吸收的矿质养分，一部分在根细胞中被同化利用；另一部分经皮层组织进入木质部输导系统向地上部输送，供应地上部生长发育所需要。植物地上部绿色组织合成的光合产物及部分矿质养分则可通过韧皮部系统运输到根部，构成植物体内的物质循环系统，调节养分在植物体内的分配。物质循环过程通过“反馈控制”实现了烟草养分供需的动态平衡。地上部养分从韧皮部中运到根部的数量可以视为反映植株营养状况的一种信号，当运输养分的数量大于某一临界值时，表明营养状况良好，养分吸收速率会下调；反之，运输养分的数量小于某一临界值时表明养分缺乏，烟草对养分的吸收会上调。

当养分缺乏时，部分移动性强的营养元素能够被再利用。养分的再利用是植物某一器官或部位中的矿质养分可通过韧皮部运往其他器官或部位而被再度利用的现象。N、P、K、Mg 属于移动性强、再利用率比较高的元素；其他元素 S、Fe、Mn、Zn、Cu、Mo、Ca、B 等属于移动性差、再利用率低的元素。表观的一个区别是发生养分缺乏时（表现缺素症状时）移动性强的元素往往是老叶先表现缺素症状，而移动性差的是新叶先表现缺素症。

烟草生产中，养分的再利用程度是影响经济产量和养分利用效率的重要因素。如果能通过各种措施提高植物体内养分的再利用效率，就能使有限的养分物质发挥其更大的增产作用。

3. 养分的损失与消耗

土壤养分除大部分被烟草吸收利用以外，有一部分被土壤吸附固定为交换态 / 缓效 / 有机态养分，还有相当一部分在时间和空间上被损失浪费。土壤养分的损失主要包括：淋失，即土壤中的养分被水分带走；气态损失，例如铵态氮反硝化作用后以氨气态损失；侵蚀损失，例如水土流失引起的各养分和土壤的流失；人为活动引起的损失，例如挖沙、改土、开矿等。特别要注意调研中发现黄淮烟区烟田土壤氮肥尤其是硝态氮肥淋失量高于西南烟区。

第二节
土壤

土壤是烟草生长发育重要的环境条件之一。烟草对土壤的适应性较强，可以在多种土壤类型上生长发育，完成生活周期。但是，要满足卷烟工业对优质烟叶原料的需求，必须选择或改良以确保种植烟草的土壤类型适宜。不同类型的烟草要求不同的土壤条件，同一个烟草品种在不同的土壤条件下栽培，其产量和品质会存在差异，甚至差异较大。土壤的物理性状，如土壤质地、土壤结构、土壤通气性、土壤的水分等，对烟草的生长发育、烟叶产量和品质有着重要影响。

一、土壤类型

我国植烟的土壤类型较多，主要有红壤、赤红壤、黄壤、紫色土、黑色石灰土和红色石灰土、水稻土、黄棕壤、棕壤、褐色土、潮土、黑土、㘰土、黑垆土、黄绵土、灰钙土等。我国北方烟区主要土壤类型包括棕壤、褐土、暗棕壤、㘰土；南方烟区主要土壤类型更加丰富，包括红壤、赤红壤、黄壤、紫色土、黑色石灰土、红色石灰土、水稻土、黄棕壤等。各类植烟土壤的化学性状见表 2-2。

表 2-2　中国植烟土壤化学性状

土壤类型	pH	有机质 /%	阳离子交换量 /（cmol/kg 土）	全量养分 /%		
				N	P_2O_5	K_2O
红壤	4.5 ～ 5.5	1.49 ～ 3.93	1.78 ～ 7.33	0.09 ～ 0.12	0.06 ～ 0.07	0.58 ～ 1.31
赤红壤	4.5 ～ 5.8	1.93 ～ 2.32	6.80 ～ 13.10	0.081 ～ 0.097	0.021 ～ 0.024	1.61 ～ 1.83
黄壤	4.0 ～ 4.5	0.76 ～ 1.11	24.4 ～ 26.9	0.09 ～ 0.24	0.11 ～ 0.17	0.78 ～ 1.69
紫色土	4.5 ～ 8.2	0.2 ～ 1.0	10 ～ 20	0.05 ～ 0.10	0.08 ～ 0.17	2.3 ～ 3.0
黑色石灰土	6.5 ～ 7.8	1.5 ～ 3.7	17 ～ 26	0.2 ～ 0.3	0.05 ～ 0.30	1.0 ～ 2.0
红色石灰土	6.5 ～ 7.5	3.88 ～ 4.09	10 ～ 22	0.12 ～ 0.19	0.038 ～ 0.045	0.07 ～ 1.96
水稻土	5.5 ～ 7.2	1.22 ～ 3.08	14.45 ～ 50.00	0.08 ～ 0.27	0.06 ～ 0.16	0.62 ～ 2.59
黄棕壤	4.3 ～ 6.0	1.5 ～ 2.0	7.15 ～ 20.19	0.10 ～ 0.12	0.05 ～ 0.12	0.53 ～ 2.55
棕壤	5.5 ～ 7.2	0.82 ～ 1.51	12.05 ～ 21.87	0.08 ～ 0.11	0.04 ～ 0.07	1.75 ～ 2.39
褐土	6.5 ～ 8.2	0.70 ～ 1.50	10.0 ～ 15.0	0.05 ～ 0.12	0.10 ～ 0.18	2.80 ～ 3.20
无石灰性潮土	6.7 ～ 7.8	0.8 ～ 1.1	10 ～ 16	0.02 ～ 0.04	0.08 ～ 0.09	1.68 ～ 2.64
石灰性潮土	7.5 ～ 8.3	0.9 ～ 1.2	7.9 ～ 16.8	0.06 ～ 0.11	0.12 ～ 0.14	2.0
黄潮土	7.2 ～ 8.3	0.8 ～ 1.0	9.0	0.05	0.15	2.0
黑土	6.0 ～ 6.4	2.3 ～ 3.4	35.0 ～ 45.0	0.10 ～ 0.30	0.10 ～ 0.30	1.80 ～ 2.14
㘰土	7.8 ～ 8.0	1.0 ～ 1.5	10 ～ 15	0.10	—	1.29 ～ 2.83
黑垆土	7.4 ～ 7.8	1.20	—	0.08	0.15 ～ 0.18	2.0
黄绵土	7.8 ～ 8.5	0.34 ～ 0.67	6.67 ～ 7.03	0.032 ～ 0.065	0.1 ～ 0.2	1.99 ～ 2.07
灰钙土	7.0 ～ 8.2	0.6 ～ 1.0	8 ～ 14	0.041 ～ 0.076	0.23 ～ 0.26	—

在实际田间烤烟生产中，不同土壤类型其养分丰缺状况不同，例如水稻土土壤速效钾含量相对较为贫乏，钙镁含量较高，因此，其生产出的烟叶钾含量最低。但是烟叶中氮含量则是以水稻土最高，红壤次之，紫色土最低。通常旱地紫色土多半氮肥力低下，适量增施有机肥和中微肥，提高紫色土的地力是提高紫色土烟叶氮与烟碱含量的重要措施。由于母质是土壤形成的基础，土壤在很大程度上继承了母质的特征，母质中元素的丰缺明显地反映在土壤元素含量上，乃至影响烟叶所含成分。例如，冲积湖积性母质由于水条件较好，土壤复钙作用明显，土壤有机质、氮含量高，产出的烟叶烟碱和钙含量也是最高的。另外，成土过程也是影响烤烟吸收养分的一个因素，土壤的成土过程是土壤中物质交换和转化的过程，也是元素交换与转化的过程，它涉及元素的淋失、活化、固定以及一系列的土壤理化性状的变化。现在的成土过程以水稻土较具代表性，水稻土具有淹育型、潴育型和潜育型三种类型，土壤性质随人为干预而发生相应变化，耕种熟化时间长、土壤发育程度深的水稻土，土壤钾的消耗量大，钙镁积累多，并且土壤中的磷固定严重，有效性低，土壤 pH 值升高。因此，潴育型水稻土中，烟草吸收钾极为困难，烟叶钾含量很低，钙镁含量却相当高，潴育型水稻土产出的烟叶含钙接近 6%，远远超过全国烟叶平均水平。

二、土壤酸碱性

1. 适宜植烟的土壤酸碱度

土壤酸碱度（pH 值）是土壤的基本属性之一。土壤 pH 值影响土壤形成条件、形成过程、土壤物理化学性质、土壤肥力特征；不仅影响土壤养分存在的状态、转化、有效性以及养分供应数量、速率，还影响土壤微生物种类、数量及其活性，是土壤肥力性状的标志之一。

为获得优质烟叶，国内外烟草种植业在选择植烟土壤时都重视土壤 pH 值。美国植烟土壤 pH 值为 5.5 ～ 5.8，加拿大为 5.8，津巴布韦为 5.5 ～ 6.8。我国陈瑞泰等（1989）在《中国烟草种植区划》研究中，把土壤 pH 值 5.0 ～ 7.0 作为植烟土壤的适宜类型的范围值，把土壤 pH 值 5.5 ～ 6.5 作为最适宜类型范围值。

我国土壤的酸碱度，在地理分布上有“南酸北碱”的规律性。以长江为界，长江以南的植烟土壤多为微酸性，长江以北的土壤多为中性或微碱性。但受成土母质、气候等因素的影响，山东和辽东半岛集中分布的棕壤呈微酸性，而南方在石灰岩上发育的黑色石灰土及某些紫色土则多为中性。

2. 土壤酸碱度与烟田土壤养分的有效性

土壤酸碱度影响黏土矿物生成的类型、土壤微生物的活性以及土壤胶体的离子交换，对土壤养分固定、释放、淋洗、离子的浓度及比例均有直接影响，从而影响烟草营养元素的有效性及其吸收。图 2-2 为 pH 对土壤养分有效性的影响。

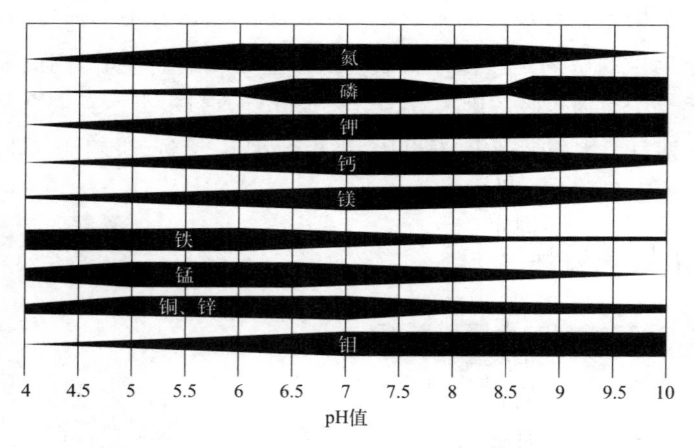

图 2-2　土壤 pH 对养分有效性的影响

（1）土壤 pH 值与氮的有效性

土壤有机态营养物质必须在微生物参与下才能分解、矿质化，从而变成可被烟草吸收的无机养分。土壤有机质经氨化作用和硝化作用，为烟草提供NH_4^+-N和NO_3^--N氮源。分解有机质的微生物，多数在接近中性环境条件下最活跃，因此，土壤养分的有效性多数在接近中性时最大。有机氮的氨化作用适宜的pH值范围为6.5～7.5，硝化作用为pH值6.5～8.0，固氮作用为pH值6.5～7.8。

通常土壤pH值低时，烟株容易吸收NO_3^--N，pH值高时吸收量减少；土壤pH值低时烟株对NH_4^+-N的吸收量少，土壤pH值高时增多。其原因是pH值低，土壤处在酸性和微酸性土壤溶液中，H^+与NH_4^+竞争增强，烟株对NH_4^+-N的吸收受到竞争性的抑制；而在pH值增大时，土壤溶液中OH^-与NO_3^-之间的竞争性增大，从而减少烟株对硝态氮的吸收。

（2）土壤pH值与磷的有效性

当土壤pH值在6～7时，土壤对磷的固定最弱，磷的有效率最大。土壤pH值过高和过低，磷的有效率均降低。当土壤pH＜5时，磷酸根容易与土壤中活性铁、铝结合，形成不溶性沉淀而被固定；当pH值＞7时，磷酸根又易和钙结合，形成难溶性磷酸钙。此外，在不同土壤pH值溶液中，不同磷酸根的浓度不同：在pH值4～6之间，以$H_2PO_4^-$为主，同时也存在HPO_4^{2-}；pH值为7.2时，$H_2PO_4^-$和HPO_4^{2-}浓度几乎相等；当pH值＞7.5时，则以HPO_4^{2-}为主。

$H_2PO_4^-$、HPO_4^{2-}、PO_4^{3-}在土壤中通常和阳离子化合，形成难溶性化合物，从而被吸附固定在土壤中。土壤磷的形态有多种，包括Ca_2-P、Ca_8-P、Al-P、Fe-P等。不同土壤对磷酸盐的吸附固定量有很大差异。棕壤、褐土吸持固磷量达到240.0～500.0 mg/kg，红壤为265.0～733.7 mg/kg。在南方烟区，酸性土壤中存在大量的铁、铝，能与磷形成磷酸铁、铝化合物，降低了磷的有效性。在北方烟区，中性和碱性土壤中存在大量的钙、镁离子，对磷具有很强的固定作用。土壤中的钙离子和磷酸离子形成磷酸二钙和磷酸八钙或氢氧磷灰石。此外，土壤中碳酸钙表面可以吸附磷酸离子，形成难溶化合物，降低磷的有效性。

土壤有机质在分解过程中形成的胶膜状腐殖质，能包被黏粒矿物、氧化铁、氧化铝及碳酸钙等固体颗粒，能减少磷酸离子与这些固体粒的接触，因而可以防止和减少磷的固定，相对提高磷的有效性。

（3）土壤 pH 值与钾、钙、镁的有效性

在湿、热的气候条件下土壤中钙、镁、钾容易淋失，酸性愈强，这些元素淋失愈多，供应量愈加不足。在土壤 pH 值 5.0 以下，钾、钙、镁有效性均降低；土壤 pH 值 5.0 以上时，钾的有效性不变；在 pH 值 6.2 ～ 8.5 时有效性最大，pH 值＞ 8.5 则明显降低。

（4）土壤 pH 值与微量元素的有效性

铁、铝、锰化合物在酸性土壤中可变成可溶性，提高其有效性；但是在极强酸性土壤中可溶性铁、铝、锰过高，会对植物造成危害。随着酸度的降低，铁、铝、锰化合物的溶解度迅速降低，在 pH 值 6.0 ～ 7.0 时土壤中铁、铝、锰活性离子急剧减少，铝离子甚至会消失。

铜、锌在土壤 pH 值＞ 7 时有效性极低。钼在强酸性土壤中为难溶态，当 pH 值＞ 6 时，钼的有效性增加，因此，在酸性土壤中施用石灰，提高土壤 pH 值，可以增加土壤钼的有效性。硼的有效性，受土壤 pH 值影响最为显著，在土壤 pH 值 4.7 ～ 6.7 之间，硼的有效性最高，土壤水溶性硼随着 pH 值的升高而增加。而土壤 pH 值在 7.8 ～ 8.1 时，土壤硼的有效性随着 pH 值的提高而降低。在石灰性土壤中，当 pH 值＞ 7.5 时，硼和钙形成不溶性的偏硼酸钙而沉淀。

（5）土壤 pH 变化对烟草养分吸收的影响

对于烤烟来说，酸性、微酸性土壤较为合适，这是多年来烟叶外观和内在质量的鉴定得出的结论。土壤 pH 值对烟株养分吸收的影响分为两个方面：一是土壤酸碱度对烟株根细胞表面电荷的作用，间接地影响烟株对养分的吸收；二是土壤酸碱度对土壤中养分离子有效性的作用，而影响烟株对养分的吸收（中国烟草总公司广东省公司等，2017）。目前大量研究表明，土壤 pH 变化对烤烟钾、钙、镁影响最为突出，随着土壤 pH 值的升高，土壤中钙镁含量增加，而活性钾含量降低。烤烟微量元素吸收也与土壤 pH 联系十分紧密。随着土壤 pH 值的升高，烟叶中锌、锰含量显著降低，硼、钼含量显著增加。

3. 调节过酸性植烟土壤的方法

目前，调节过酸性土壤最有效的措施是适量施入石灰。熊德中等(1999) 对福建省低 pH 值植烟土壤施用石灰的试验结果表明，当施入石灰把过酸土壤由 pH 值＜ 5.0 提高到 pH 值 6.8 时，可以使土壤细菌、放线菌、好气性纤维转化菌、亚硝化细菌的数量明显增加，真菌数量显著减少；脲酶、蛋白酶的活性明显增强，蔗糖酶活性降低。施入石灰，有利于土壤中 NH_4^+-N 转化为 NO_3^--N。土壤交换性铁、铝含量明显下降，交换性铝可降低 2.43 cmol/kg，交换性铁减少 134 mg/kg，有效锰下降 38 mg/kg。石灰施用量在每亩（1 亩≈ 666.67 m^2）60 kg 范围内，随着施用量的增加，土壤有效磷上升，但施用量超过每亩 90 kg 时，土壤有效磷下降。

三、土壤质地

土壤质地即土壤的机械组成，决定和影响土壤蓄水、导水、保肥、供肥、保温和导温性能以及土壤耕性等，对烟叶产量和质量有重要影响。

美国、巴西的植烟土壤多数为轻壤土、砂壤土和砂土。砂质土的特点：一是土壤氮素含量相对较低，便于通过人工栽培措施来调控氮素的用量，以适应生产优质烟叶的需要。二是土层较深，一般为 30 ～ 35 cm，也有超过 60 cm 的，有利于耕作。三是排水良好。

1. 砂质土类

通常砂质土类含黏粒少，含砂粒较多，粒间孔隙较大，透水性良好，但蓄水能力弱，保肥力差，有机质不易保存和累积，土壤肥力较低，前期供肥较快，后期容易脱肥。砂质土热容量小，土温变化快，易增温也易降温，昼夜温差大，早春温度上升较快。

在砂质土上种植的烟草，一般叶片薄，烟碱含量较低，烘烤时易变黄，烤后颜色较淡，燃烧性好，香气较淡。

2. 壤质土类

壤质土类的颗粒组成中黏粒、砂粒、粉粒的比例适当，兼有砂质土和黏质土的优点。其特点是砂黏适中，大小孔隙比例适当，通气性、透水性良好，保水保肥能力强，供肥速率适中。烟草生长前期和后期的养分供应都能满足烟草生长的要求。

3. 黏质土类

黏质土含黏粒多、砂粒少，粒间空隙小，保水保肥力强，养分含量较多，土温比较稳定。由于黏质土黏粒含量高，被黏粒吸附的阳离子，不易被雨水和灌溉水淋洗流失，并能缓慢而不断地供给烟草吸收利用。黏质土通气性差，好气的微生物活动受到抑制，有机质分解比较缓慢，施入有机肥料容易累积和保存，养分释放比砂性土缓慢，肥效长，供肥稳。

在平原黏质土壤上种植的烟草，施氮肥过量，易发生“黑暴”，叶片较厚，组织粗糙，不易烘烤，烟碱含量高。由于保肥力强，若前茬作物施肥过多，烟草常生长过旺，烟叶不易调制，质量低劣。但是，山坡黏质土壤或夹有适量砂砾的黏质土仍能生产出品质较好的烟叶。

4. 主要类型烟草适宜的土壤质地

（1）烤烟

烤烟适宜在肥力中等、氮素含量不高的轻壤质土、中壤质土或砂砾质的重壤质、轻黏土上栽培。如云南烟区的一些优质烤烟，多产于河谷地带的砂质壤土；山东、河南、安徽等省丘陵山区的淋溶褐土，所产烤烟品质优良，烟叶色泽多橘黄，油分足，有光泽，弹性好，吸食香味较浓、纯正舒适。

（2）香料烟

香料烟适宜栽培在土层较薄、肥力较低、磷钾含量较高的土壤上。在肥力高的土壤上种植香料烟，其叶片厚大，缺少香料烟特有的香气。在希腊，芳香型香料烟巴斯马（Basma），适宜低肥力、含有石砾的中壤质至重壤质土。而吃味型香料烟萨姆逊（Samsun）和特撒姆拜拉

（Tsembelia）适宜山地丘陵砂质黏土。

（3）白肋烟

白肋烟适宜栽培在中壤质至砂壤质土、有机质含量较高、土层深厚、肥力较高的土壤上，尤以富含钙、钾、磷的土壤所产烟叶品质最优。美国肯塔基州的丘陵区和田纳西州的中央流域的红棕色粉壤土，有机质含量多，肥力高，含磷丰富，所产白肋烟品质良好。

（4）其他晾晒烟

晒黄烟适宜栽培的土壤条件与烤烟相似。淡色晒黄烟适宜种植在中、低肥力的土壤上，以表土为砂砾质壤土、底土保肥保水性能尚好的土壤为宜，其所产烟叶调制后，色泽黄亮均匀，厚薄适中。深色晒黄烟适宜栽培在肥力略高于适种烤烟的土壤上。晒红烟适宜种植在中壤质至轻黏土上，要求土壤肥力高，保水保肥力强，氮、钾供应充分，在这种土壤条件下，所产烟叶叶片厚、色红鲜亮、油分足、弹性强、香味浓、燃烧性好。

浅色晾烟种植的土壤条件与烤烟相近。要求肥力中等的细砂壤土，具有良好的通气性和透水性，微酸性，富含磷、钾营养元素。

雪茄烟的外包叶烟适宜种植在质地轻的壤质砂土、砂质壤土和细砂壤土上。四川什邡雪茄外包叶烟种植在冲积母质发育的砂壤土上，其品质优良，雪茄芯叶烟宜种植在质地较黏重的高肥力土壤上。

四、土壤水分

土壤水分既是矿质营养溶解的媒介，又是矿质养分迁移的载体。根系吸收水分与矿质营养后，首先在根中进行径向运输，养分元素从根表到达中柱后，经木质部长距离运输到达地上部，在叶片中再次进行短距离运输，最后分配到各个细胞当中。通常矿质养分迁移方式主要分为两种：质流和扩散。土壤水分是质流的主要动力，影响着土壤中的养分浓度和养分向根系的迁移速度。土壤水分高低不仅是影响土壤养分有效性的关键因素，也是影响陆地生态系统养分循环进程的关键因素。与此同时，土壤水肥同样对土壤氮矿化速率、矿质氮的移动和微生物活动产生影响，进而改变植物对于养分的吸收和积累模式，最终改变植株内的营养状态。已有研究表明，植物养分回收效率（NuRE）与植物的水分利用效率呈显著负相关关系，但不同的养分元素对土壤水分的响应并不一致，如土壤水分增多可导致氮重吸收效率（NRE）降低，而对 P 的重吸收没有显著影响（陆姣云等，2018）。

早期在烟草中的研究表明，土壤含水率低于烟株最适宜含水率时，烟株各生育期氮、磷和钾在根茎中的分配均有不同程度提高，但在叶中却有所下降，这是由于土壤含水量降低时，烟株蒸腾强度减弱，促进养分向根茎中积累（汪耀富等，1994）。而超过烟株最适含水量时，各时期烟株内氮、磷和钾的吸收均随着含水率的增加而降低，这是因为随着土壤含水率的增加，叶片气孔开度缩小，光合效率下降，蒸腾强度减弱等使得烟株对水分和氮、磷和钾的吸收、运输动力不足，造成地上部水分和养分的亏缺（刘永贤等，2007；余泺等，2011）。

另外，从团棵期、旺长期至成熟期，烤烟根、茎中氮、磷、钾等养分积累逐渐降低，而叶中的养分急剧增加，养分大量向叶中传送，其中以氮和钾最为明显，此两个时期水分亏缺会严重影响烤烟的产量与品质（余泺等，2011）。近期研究表明，烤烟伸根期、旺长期、成熟期内土壤含水量下限分别保持在田间持水量的 60%、80%、70%，可保证烤烟植株的正常生长，所有水分调控下烤烟养分含量均以钾最多，氮次之，磷最少，除伸根期控水可以提高烟株中氮的含量外，成熟期控水可以提高植株的磷含量。此外，成熟期水分调控对提高烤烟根部、茎部氮、磷、钾的含量作用显著，其他生育期水分调控对烟株不同部位氮、磷、钾含量的影响整体没有呈现出明显的规律性（周永波等，2010）。

近年来，节水农业的提出和水肥一体化技术的发展使研究者们更加关注如何减少水分投入的同时，来提高土壤水分和养分吸收的效率，最终尽可能地获得更高的产量，而在此过程中大量探讨缺水环境与养分吸收的关系被提出。

1. 水分胁迫与植物氮吸收、分配的关系

已有文献表明，土壤水分缺乏会降低植株吸收氮素能力。早期研究发现，水分胁迫下高粱氮素吸收速率降低了40%（Rego等，1988），类似的结论在小麦（张雨新等，2017）和花生（丁红等，2022）等上也被得出。通常土壤水分缺乏造成植物氮吸收速率降低主要体现在两个方面：一是缺水造成土壤水势下降，土壤孔隙被空气填满，从而造成氮素向根表移动速率降低；二是就植物本身而言，水分胁迫抑制根系生长，也是降低植物氮素吸收能力下降的主要原因。在小麦中研究发现，干旱造成小麦硝转运蛋白TaNRT2.1、TaNRT2.2和TaNRT2.3表达量下降（赵君霞，2015）。此外，水分胁迫同样会改变植物体内氮分配模式，氮素的分配方式因作物而异，优先分配到根系的报道较多，也有优先向叶片分配的报道（高峻等，2002）。早期研究表明，干旱导致番茄体内氮素优先供应给上部叶，而冬小麦则优先供应给根部，其次是茎叶，减少了氮向根中的转移。

2. 水分胁迫与植物磷吸收、分配的关系

磷的吸收通常与土壤水分之间关系密切，土壤水分的高低会影响磷素在土壤中的运动和植物对磷的吸收利用，与此同时，磷肥会对水分胁迫下植物的形态和生理生化特性产生积极影响。磷素不同于氮素，它在土壤中移动速率较小，尤其是水分胁迫后，由于土壤含水量降低，抑制了磷向根表的扩散和根向根土富磷区域的伸展，最终降低了磷的生物有效性。目前对于水分胁迫对磷素吸收的研究相对较少，目前大多研究了水分胁迫下供应磷肥对植物生长发育的影响。

3. 水分胁迫与植物钾吸收、分配的关系

植物对土壤水的吸收和利用效率与植物体内钾营养状况有关，提高植物体内钾营养水平能够提高植物的耐旱性，但水胁迫对植物吸收、分配钾素的影响目前研究并不多。最近在烟草中的研究表明，不同基因型烟草品种在干旱情况下钾吸收及积累的响应机制可能不同，中烟100在中度干旱胁迫条件下，叶片钾含量高于正常供水处理，但在重度

干旱胁迫条件下，叶片钾含量明显降低，但豫烟13号叶片钾含量则显著增加。此外，干旱条件下，中烟100钾在根系和茎中分配比例增加，在叶片中分配比例减少，而在豫烟13号中钾在根、茎、叶中的分配比例较小（孙计平等，2020）。

五、土壤养分环境

烤烟的生长和品质的形成并非由一种或多种营养元素单独决定，而是由各种营养元素组合决定的。其中包括两方面的内容，一是元素之间的量比，即配合的关系，如土壤中各种营养元素之间的拮抗与协同作用、土壤中元素与供应能力，例如钙、镁的拮抗制约作用，土壤钾含量与供给能力。二是营养元素种类的组合方式，即土壤中各种营养元素通过各种方式的组合而对烟叶成分产生的联合作用；例如有机肥与无机肥氮、磷、钾的不同量组合，有机肥与微量元素的组合等。

第三节
生态因子

一、光照

植物对养分的吸收还受到其他生态环境的影响，如光照、温度、地形地貌和土壤养分等。光照作为影响作物养分吸收的主要因素之一，其通过影响植物的光合效率，进而影响对植物化学能的供应，最终影响作物的养分吸收。这是因为植物养分吸收是一个耗能过程，其进入植物体内需要提供能量。与此同时，光照影响植物的蒸腾作用，养分在土壤中的迁移（质流）会间接影响到养分的吸收。营养液中培养生菜试验表明，随着光照强度增加，生菜体内氮、磷、镁等元素的利用效率随光照强度增强均表现出先升高后降低的趋势（方舒玲，2018）。

水稻中的研究表明，降低光照强度显著地降低了植株对于铵态氮的吸收，其次是硝态氮、钾、硅和磷。此外，通过探究不同光照强度下烟草对养分的吸收状况发现，烟草对氮、磷和水分的吸收随着光照强度的增强而增加，对钙、镁的吸收量与光照强度关系不大。相反，钾离子吸收量随光照强度的增大而有所降低（韦建玉，2013）。

二、温度

除了光照条件外，温度的变化也是影响作物养分吸收的重要因素之一。李润儒等（2015）研究发现根区温度从15℃上升至25℃，水培生菜的光合速率、矿质元素含量、地上部和根系的干鲜重均有明显提升，其中氮、磷、钾、钙和镁等元素吸收速率上升趋势显著。黄瓜中的研究表明，根区升温能有效促进根系对各种矿质元素的吸收，其中磷、钾、锰、锌和铜元素的单位根长吸收速率皆显著提高（王晓卓，2016）。番茄中根区低温（7℃和13℃）处理番茄幼苗研究表明：13℃处理抑制了根系中N、P、K、Mg元素的含量，提高了Ca素的含量，茎中这5种矿质元素的积累皆减少，抑制了叶片中N、K、Ca、Mg元素的吸收，但却提高了叶片中P元素的含量，并且各元素含量随着处理时间增长，呈现不同的变化趋势，7℃处理对其影响更显著（张佩茹，2020）。烟草中研究表明，土温在25～32℃范围时，烟草根系活力最强，吸收养分的能力也最高（中国农业科学院烟草研究所，2005）。

第四节
作物

一、烟草品种

国内外研究表明，植物基因型间存在营养效率差异。烟草不同品种对氮、磷、钾的吸收、转运、利用效率有显著差异，比如大家熟知的栽培品种的耐肥性不同，有的耐肥，有的不耐肥，这是因为品种对氮肥的利用率存在差异。再如中烟 90、G-28 在相同条件下，比 G-140 烟叶含钾量高 0.3 ～ 0.5 个百分点，说明品种间对钾的吸收积累效率存在差异。

二、养分吸收的器官结构

首先要明确，烟草吸收养分的部位主要是叶片与根部。叶片与根部的生长发育状况影响烟草对养分的吸收。

1. 叶部

(1) 角质膜

植物可以通过叶部或非根系部分吸收养分，在表皮细胞吸收途径中，养分可以通过表皮细胞的分子间隙、果胶层、细胞壁的内外壁最终到达原生质连续体，主要影响因素是角质膜。叶片及非根系吸收部位表皮细胞外可能存在一些角质膜成分，包含蜡质层、角质层、角化层，能够阻碍养分跨表皮细胞的吸收。

(2) 气孔

气态养分和离子养分也可以通过气孔途径被烟草吸收，气态养分主要是 CO_2 和 SO_2，可以在光合反应中消耗，而离子养分可以被气孔邻近细胞吸收。

(3) 叶片结构

施用叶面肥可以很好地在烟草生长后期补充养分，叶片结构能够影响叶面肥的吸收。烟草叶片对叶面肥吸收的影响因素主要包括：①叶的年龄，幼叶比老叶吸收能力强；②叶的正反面，叶背面比叶表面吸收效果好。

2. 根系

烟草的根系属于须根系，存在大量的侧根与不定根，能够占据大量的根土空间，有利于养分的吸收，烟草根系的生长发育状况是影响养分吸收的重要因素。

（1）根长

用单位体积或面积土壤中根的总长度表示，如 LV（cm/cm^3）或 LA（cm/cm^2），一般须根系的 LV > 直根系的 LV，根系数量越大，总表面积越大，根系与养分接触的概率越大。根长能够有效反映根系的生长发育状况与营养特性。

（2）其他根系参数

根表面积：最直接的方法是通过根的直径和长度或根的体积和长度来计算。根系体积：可以用排水法测得。根系直径：可测量根外周长后计算得到。根系连接分析：分析根系分支角度、连通性得到。总的来说，根系体积和直径越大，根表面积越大，越有利于扩大养分的吸收面积。根系连接越好，养分吸收及时性越好，养分损失越小。

（3）根的结构

从根尖向根茎基部可分为根冠、分生区、伸长区、成熟区（根毛区）和老熟区。从根的横切面从外向内又可分为表皮、（外）皮层、内皮层和中柱等几个部分。分生区和伸长区具有较高的养分吸收效率，而根毛区吸收养分的数量比其他区段更多，这是由于大量根毛的存在，使根系外表面积增加到原来的 2 ～ 10 倍，增强了植物对养分和水分的吸收。

（4）菌根

菌根是土壤真菌与植物根系建立共生关系所形成的共生体。形成这种共生体的真菌叫菌根真菌，它们能在 2000 多种植物的根部侵染形成菌根。菌根的主要类型包括外生菌根和内生菌根，外生菌根主要分布于温带森林树种或干旱地区灌木，内生菌根中最普遍的是泡囊 - 丛枝菌根（VAM）。自然条件下，80% 以上的植物都可形成 VAM。菌根的主要作用是扩大根系吸收面，增加对原根毛吸收范围外的元素（特别是磷）的吸收能力。菌根真菌菌丝体既向根周土壤扩展，又与寄主植物组织相通，一方面从寄主植物中吸收糖类等有机物质作为自己的营养，另一方面又从土壤中吸收养分、水分供给植物。

三、生理生化特性

1. 根系的氢离子分泌力

根系对于养分的吸收，第一步往往是分泌氢离子，使根际土壤酸化，溶解吸附态 / 有机态 / 难溶态养分，将其离子化，而后进行氧化还原，且 H^+ 吸附于根表用于阳离子交换吸收，因此氢离子的分泌能力是衡量植物根系养分吸收能力的重要指标。一般来说氢离子分泌力：新生根＞成熟根＞老病根。

2. 根系的阳离子交换量

土壤胶体一般带负电，吸附带正电的阳离子，根系对许多阳离子的吸收过程伴随着 H^+ 的分泌及与土壤溶液或土壤胶体中阳离子的交换，通过交换使阳离子吸附到根表面后才能通过离子泵 / 载体蛋白进行吸收，因此诞生了阳离子交换量这一概念。根系的阳离子交换量（CEC）是指单位数量根系吸附的阳离子的物质的量，单位为 cmol/kg。一般来说，双子叶植物的 CEC 较高，单子叶植物的较低。二价阳离子的 CEC 越大，被吸收的数量也越多。阳离子交换量反映根系利用吸附态 / 有机态 / 缓效养分的能力。

3. 根系的氧化还原能力

根系的氧化还原能力反映根的代谢活动，与植物吸收养分的能力有关。根系在吸收部分营养元素的过程中需要对其进行氧化还原反应，使其转换为便于根系吸收的形态或价态。例如铁，其存在形式可以是 Fe^{3+}、$Fe(OH)_3$、Fe_2O_3、Fe_3O_4、Fe 单质等，而 Fe^{2+} 是根系的主要吸收或利用形态。根系通过分泌螯合酶、有机酸等对铁单质等氧化，对三价铁离子及化合物还原。一般来说新生根的氧化还原力强，成熟根的氧化还原力渐弱，老病根的氧化还原力更弱。

第五节
生产措施

一、施肥措施

烟草的施肥措施可以影响养分的吸收，因此施肥时期和施肥方法应依据当地土壤和气候条件、种植制度和其他措施灵活掌握，适当调整。

1. 基肥与追肥

合理施用烟草基肥和追肥有利于提高养分利用率，以基肥为主，追肥为辅，基肥要足，追肥要早，因地制宜，灵活掌握。较黏重土质及肥沃土壤肥力强，要控制施氮量，以基肥为主，少追或不追肥；土质疏松、保肥力差的砂土地或肥力较低的田块肥力差，生育后期供氮水平往往达不到要求，采用基肥与追肥相结合的方法，可以调节施肥总量，促使烟株生长一致。

2. 施肥位置和深度

肥料施入土壤中的位置直接影响烟株对肥料中养分吸收的数量和状况，多数烟区追肥是在烟株旁刨穴追肥，而基肥的施用大体上可分为开沟条施与挖窝穴施，采用哪种方法要根据具体条件而定，如肥力高、持续供肥力强的烟田，基肥宜穴施，使肥料集中在根际附近，供烟株前中期大量吸收，以防后期供氮水平过高。对肥力低、持续供肥力差的烟田，基肥宜条施，防止肥料中的氮素在生育前中期集中在根际附近被过量吸收消耗而出现后期供氮水平过低。

烟区实际调研发现，施肥深度为 15 ～ 20 cm 时，氮素养分大部分位于根系密集的层次。如施肥太浅，由于氮素大部分移动到表土层，大田前中期烟株难以充分吸收利用，不论基肥还是追肥，施肥深度均以地表下 15 ～ 20 cm 为宜。

二、起垄

随着我国烤烟“三化”生产水平的不断提高和地膜覆盖栽培技术的推广，目前，烤烟大都采用垄作和地膜覆盖栽培。烟田起垄要根据当地的气候、季节、土壤、栽培方式和条件灵活而定。烤烟垄作的形式因地而异，一般有槽形垄、碟形垄、梯形垄和拱形垄等形式。槽形垄和碟形垄适于旱作烟区；梯形垄适于降雨量适中或稍大的烟区；拱形垄则适于烟草生长至成熟季节降雨量大的烟区。对不同的地区、不同的气候条件、不同的土质要针对性起垄，能保证养分的有效性和吸收利用率。

1. 槽形垄和碟形垄

北方春烟区，栽烟后往往遇到干旱缺水，为此，常于早春土壤解冻后，抢墒整地起垄。一般垄距（即行距）100 ～ 120 cm，垄高 25 ～ 30 cm，垄基宽 70 ～ 80 cm，垄顶圆而合。在移栽前 10 ～ 20 d，最好是降雨后，及时扒去垄顶 5 ～ 7 cm 的表层土，施入基肥并耙平耧细后，平地栽烟将垄顶整成两边略高、中间稍凹的槽形垄；丘陵山地将垄体整成四周稍高、中间稍凹的碟形垄，随即先覆盖地膜保墒，尔后栽烟。或者边施肥、边移栽、边整理垄形，随即覆盖地膜。这样，既有利于集雨、保墒保水，便于施肥、移栽和浇水，保证移栽质量，又有利于提高土壤温度，增加土壤透气性，改善土壤水、气、热状况，促进土壤养分转化、释放，使烟苗早栽早发，根系发达，烟叶发育成熟良好，提高烟叶品质和产量。

东北烟区气候寒冷，春季气温回升较慢，常有霜冻，为适应烤烟膜下移栽，多采用两次作垄施肥的方式。一般于栽烟前 15 d 左右，先做宽 50 cm 左右的小垄，将腐熟的有机肥撒施入垄沟内，隔一沟撒施一沟，然后再将施入肥料的垄沟两边的小垄，整合成一条高 20 ～ 25 cm、垄基宽 80 ～ 90 cm 的拱形垄，并耙平垄面。栽烟时，先按株距在垄顶开穴，穴宽（25 ～ 30）cm ×（25 ～ 30）cm，深 15 ～ 18 cm，将烟苗栽植于穴的中央，随即将植烟穴整成四周高、中间低的凹型垄，然后，将垄体和烟苗一并覆盖在地膜之下。烟苗在膜下生长 15 ～ 20 d，再破膜掏苗，并用细土封严地膜的掏苗开口处。

2. 梯形垄

整地与起垄的规格要求基本与槽形垄和碟形垄相同。只是在移栽前 10 ～ 20 d，及时扒去垄顶 5 ～ 7 cm 的表层土，施入基肥后，将垄顶整成宽 25 ～ 30 cm 的平面，坡地栽烟时将垄体的两边整成上窄下宽的梯形，并耙平耧细，随即先覆盖地膜保墒，尔后栽烟。或者边施肥，边移栽，边整理垄形，随即覆盖地膜。

3. 拱形垄

亦即传统的地膜覆盖垄形。起垄相对较为简单，一般垄距（即行距）100 ～ 120 cm，垄高 25 ～ 30 cm，垄基宽 70 ～ 80 cm，垄顶圆而合。可先覆盖地膜保墒，尔后栽烟。也可边施肥，边移栽，边整理垄形，随后覆盖地膜。

三、移栽期

烟草移栽期的选择在时间上对养分的利用率有重要影响，移栽期的选择需要综合考虑主要气候因素、环境生物、栽培制度和品种特性等对烟草各个生育时期的生长、发育和产量、品质的影响，根据烟草生长发育的持续性和阶段性的要求，趋利避害，把烟草田间生长发育和正常成熟采烤均安排在适宜的生态环境中。我国地域辽阔，烟区分布范围广泛，自然条件差异大，种植制度及农业生态体系也十分复杂，各地适宜的移栽期也有很大不同。

黄淮烟区烤烟应适时早栽。河南、安徽等烟区一般于 4 月中旬至 5 月上旬移栽。山东、陕西等省有浇水条件的平原地区，一般于 4 月下旬至 5 月中旬移栽；丘陵山区多于 5 月上、中旬移栽。

东北烟区气候寒冷，春季气温回升慢，秋季降温快，烤烟多为膜下移栽。辽宁、吉林、内蒙古等省区一般于5月上、中旬移栽；黑龙江省多为5月中、下旬移栽。

西南烟区水热资源丰富，立体农业气候特点明显，各地移栽期有很大差异。丘陵山区多于4月中旬至5月下旬移栽；低热河谷地区多于3月下旬至4月上旬移栽。高海拔地区则多于4月下旬至5月上旬移栽。

南方烟区水热资源丰富，复种指数高，地形地貌较为复杂，烤烟种植有春烟和冬烟之分。福建、广东、广西等省区的冬烟产区，多于10月下旬至翌年2月中旬移栽。湘南、赣南和福建三明等地的早春烟一般于3月中、下旬移栽。其他地区多于4月中旬至5月上旬移栽。

参考文献

Rego T J, Grundon N J, Asher C J, et al. 1988. Comparison of the effects of continuous and relieved water stress on nitrogen nutrition of grain sorghum[J]. Australian Journal of Agricultural Research, 39(5): 773-782.

陈瑞泰 ,1989. 烟草种植区划 [M]. 济南 : 山东科学技术出版社 .

丁红 , 徐扬 , 张冠初 , 等 , 2022. 不同生育期干旱与氮肥施用对花生氮素吸收利用的影响 [J]. 作物学报 , 48(3):695-703.

方舒玲 , 2018. 光强和营养液浓度对水培生菜生长及养分利用效率的影响 [D]. 杨凌 : 西北农林科技大学 .

李润儒 , 朱月林 , 高垣美智子 , 等 ,2015. 根区温度对水培生菜生长和矿质元素含量的影响 [J]. 上海农业学报 , 31(3):48-52.

刘小飞 , 费良军 , 孟兆江 , 等 ,2018. 水分养分协同对冬小麦干物质运转和氮吸收利用的影响 . 植物营养与肥料学报 , 24(4): 905-914.

刘永贤 , 李伏生 , 农梦玲 , 等 , 2007. 不同生育时期分根区交替灌溉对烤烟生长和氮钾含量的影响 [J]. 灌溉排水学报 (6):102-105.

陆姣云 , 段兵红 , 杨梅 , 等 , 2018. 植物叶片氮磷养分重吸收规律及其调控机制研究进展 [J]. 草业学报 , 27(4):178-188.

孙计平 , 吴照辉 , 孙焕 , 等 , 2020. 干旱胁迫对两个烤烟品种钾吸收和分配的影响 [J]. 湖北农业科学 , 59(1):97-100.

汪耀富，阎栓年，于建军，等，1994. 土壤干旱对烤烟生长的影响及机理研究 [J]. 河南农业大学学报，28(3): 250-256.

王晓卓，2016. 根区温度影响黄瓜幼苗亚适温适应性的生理机制 [D]. 北京：中国农业大学.

韦建玉，2013. 广西烤烟生产实用技术 [D]. 南宁：广西科学技术出版社.

熊德中，李春英，黄光伟，等，1999. 施用石灰对福建 pH 植烟土壤的效应 [J]. 中国烟草学报 (1):28-29+32.

余泺，高明，王子芳，等，2011. 土壤水分对烤烟生长，物质分配和养分吸收的影响 [J]. 植物营养与肥料学报，17(4): 989-995.

张佩茹，2020. 根区低温对番茄幼苗矿质元素吸收运输的影响 [D]. 沈阳：沈阳农业大学.

张雨新，张富仓，邹海洋，等，2017. 生育期水分调控对甘肃河西地区滴灌春小麦氮素吸收和利用的影响 [J]. 植物营养与肥料学报，23(3):597-605.

赵君霞，2015. 氮素及干旱胁迫对冬小麦幼苗生长和氮代谢相关基因表达的影响 [D]. 郑州：河南农业大学.

中国烟草总公司广东省公司，青岛农业大学，华南农业大学，2017. 广东植烟土壤与配方施肥 [M]. 广州：华南理工大学出版社.

周永波，邵孝侯，苏贤坤，等，2010. 水分调控对烤烟生长，干物质积累和养分吸收的影响 [J]. 灌溉排水学报 (1): 56-59.

中国农业科学院烟草研究所，2005. 中国烟草栽培学 [M]. 上海：上海科学技术出版社.

第三章

常见烟用肥料

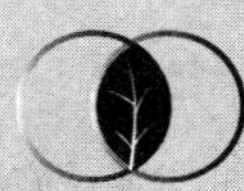

肥料是指用于提供、保持或改善植物营养和土壤物理、化学性能以及生物活性，能提高农产品产量，或改善农产品品质，或增强植物抗逆性的有机、无机、微生物及其混合物料。传统上植物必需的营养元素有 17 种，其中大量元素包括碳、氧、氢、氮、磷、钾，中量元素包括钙、镁和硫，微量元素包括氯、铁、锰、硼、锌、铜、镍和钼，植物通过这些元素的吸收来维持体内的新陈代谢与生长，其中氮、磷和钾被称为肥料的三要素。此外，肥料也具有广义和狭义的概念区分，广义上肥料的概念为，能给作物提供养分、改善作物品质、够维持和增进地力、改善土壤性质和人工补给给土壤的物质。而狭义的概念通常指提供植物养分为其主要功效的物料。近年来，随着我国工业与经济的发展，化肥这一概念已经被广泛应用。化肥就是根据化学反应原理，用化学方法制造的肥料。奚振邦（2008）提出化肥是指不依赖于农田自身循环的现代工业产品。按照肥料的制造和来源将肥料分为化学肥料和有机肥料，其中化学肥料又分为单质肥料和复合肥料。单肥指的是只含有氮、磷和钾其中任意一种养分的肥料，氮肥如尿素，磷肥如过磷酸钙，钾肥如氯化钾等。而复合肥是指含有氮、磷和钾其中任意两种或者含有氮、磷和钾三种养分的肥料，常见的复合肥料包括氮磷复合肥、磷钾复合肥和氮磷钾复合肥。此外，按照施肥的时期，又将肥料分为基肥（播种、移栽之前施用的肥料），种肥（播种时施用的肥料）和追肥（作物生育期施用的肥料）。此外，随着化肥产业的发展，一些新型肥料也被相继研发，如水溶肥和微生物肥等。我国烟草生产所施用的肥料主要是烟草专用的各类化肥（无机肥料）和有机肥两大类。常见的无机肥包括：各类烟草专用复合肥、硫酸铵、过磷酸钙、磷酸二氢铵、硝酸钾、硫酸钾以及尿素等化学肥料。有机肥料中各种饼肥使用最为广泛，其次为厩肥、土杂肥等。烟草叶面肥、微生物肥料等在烟草上也有施用，但只是起辅助施肥的作用（胡国松等，2000；曹槐等，2001）。

第一节
无机肥料

一、氮肥

1. 铵态氮肥

顾名思义，铵态氮肥是以 NH_4^+ 为主要作用吸收形式的氮肥。其具体包括液氮、氨水、碳酸氢铵、硝酸铵、硫酸铵等。由于铵态氮肥以 NH_4^+ 为主要作用形式，NH_4^+ 是阳离子带正电荷，能与土壤胶粒上的阳离子进行交换而被吸附。NH_4^+ 被土壤胶粒吸附后移动性减小，不易随水流失。进行硝化作用后，转变为硝态氮，但不降低肥效。但铵态氮肥不宜在 pH 过高田块施用，易生成氨气挥发，过量施用铵态氮肥会导致土壤酸化。

以硫酸铵为例，分子式为 $(NH_4)_2SO_4$，含氮 20.5%，含硫 24%，是最早生产的合成氮肥之一。由于养分含量低，生产成本高，大都被高浓度的化肥所代替。硫酸铵有酸化作用，连续使用能增加土壤酸度和降低作物产量。在高度还原性环境或者酸性硫酸盐土中，可能引起硫化物危害，在碱性土壤里可能是有利的。宜作烟草追肥，石灰性土壤中宜深施覆土。切勿与碱性物质混合（查录云等，1999；丁伟，2002）。

2. 硝态氮肥

硝态氮肥是以 NO_3^- 为主要吸收形式的氮肥，具体包括硝酸钠、硝酸铵、硝酸钙等。NO_3^- 是阴离子带负电荷，不能进行交换吸收而存在于土壤溶液中。在土壤溶液中随土壤水分运动而移动，流动性大，易淋洗流失，吸湿性强。进行反硝化作用后，形成氮气或氧化氮气而丧失肥效。因此硝态氮肥不宜在南方水分充足或过量的田块施用。

以硝酸铵为例，硝酸铵本身既是硝态氮肥又是铵态氮肥，分子式为NH_4NO_3，含氮33%～34.5%，是一种微细晶体，生理中性，但作为肥料是颗粒状的，易吸湿，高度溶于水。硝酸铵易着火，与可燃物混合有爆炸危险，因此使用、运输、贮藏应该遵守操作规程。对烟草是很适宜的，可在烟草种植前施，或侧施或追肥，淋溶状况介于铵态肥料和硝态肥料之间。土壤有变酸倾向，但酸性作用比硫酸铵弱（陆引罡，1990）。

3. 酰胺态氮肥

酰胺态肥料是以酰胺态氮为吸收作用形式的氮肥。具体来说主要是尿素及各种尿素衍生物。尿素化学名称为碳酰二胺，分子式$CO(NH)_2$，含氮量≥46%，是最浓的固体氮肥，在贮存、运输、使用上具有某些优点，单位氮素成本比其他氮肥低。尿素颗粒是白色松散状，尿素有吸湿性，当空气中的相对湿度大于尿素的吸湿点时，它就吸收空气的水分而潮解。温度高于130℃时，水溶液会直接分解为氨和二氧化碳。为防止吸湿需要适当的包装。有时含有少量缩二脲，是一种有毒的杂质。尿素施入土壤后，迅速地转变为碳酸铵，土壤中集结起高浓度的氨，被土壤胶体吸附。施入土壤中，气温25℃以上，5～7 d，有轻微的酸性反应。含缩二脲低的制品最适合根外喷施，浓度为0.54%～2%。

二、磷肥

磷肥的吸收作用形式主要是$H_2PO_4^-$和HPO_4^{2-}，我国的磷肥生产按其溶解性可分为水溶性磷肥、枸溶性磷肥和难溶性磷肥。

1. 水溶性磷肥

水溶性磷肥含水溶性的磷酸一钙，其中的磷易被植物吸收，肥效快，属速效性磷肥。主要包括过磷酸钙、重过磷酸钙、磷酸二氢铵、磷酸二铵、多聚磷酸盐等。其中过磷酸钙和重过磷酸钙是烟草生产中常用的磷肥。

（1）过磷酸钙

过磷酸钙（SSP）分子式为 $Ca(H_2PO_4)_2$，肥料中通常含有 17% ～ 20% 的全磷，90% 以上是水溶的，还含有大约 16% 的硫，含有少量游离酸，是最早以化学方法制造的磷肥。呈灰色或褐色，白色粉末，有吸湿性和腐蚀性，长期保存易失效。为了便于贮藏和使用通常制成颗粒状，含有几乎等量的磷酸一钙和硫酸钙（石膏），对大多数作物和土壤是一种适宜的磷肥。而在强酸性土壤中，不溶于水的磷酸盐，如磷石灰，效果也很好。适宜作基肥深施于根系主要活动层内，迁移范围在 10 cm 之内，无淋洗流失之虑，有后效。

（2）重过磷酸钙

重过磷酸钙（TSP）含 44% ～ 52% 的 P_2O_5，几乎全部为水溶性，可能含有游离酸，要求合适的包装。含硫十分少，和过磷酸钙有同样的用途，适于配制高分析量的多元肥料。

2. 枸溶性磷肥

枸溶性磷肥是指能溶于 2% 的柠檬酸或中性柠檬酸铵溶液的磷肥，肥效较水溶性磷肥慢。包括钙镁磷肥、钢渣磷肥、脱氟磷肥、沉淀磷酸钙、偏磷酸钙等，钙镁磷肥在烟草生产中常用。

钙镁磷肥别名熔成磷肥。五氧化二磷（P_2O_5）含量 12% ～ 18%，氧化镁（MgO）含量 12% ～ 17%，氧化钙（CaO）含量 30% ～ 45%，可溶性硅（以 SiO_2 计）含量≥ 20.0%。碱性，灰白色或灰绿色粉状物，溶于弱酸，不溶于水，物理性状良好。适用于酸性或中性土壤，供给植物磷、镁、硅、钙等元素，和农家肥配施效果更佳。施用钙镁磷肥可以促进作物的生长发育，不仅能使植株旺盛、不易倒伏，加强抗旱、抗病能力，而且能促进作物提早成熟，提高烟草的产量和质量，是一种长效磷肥。

3. 难溶性磷肥

难溶性磷肥所含磷酸盐不溶于水，只溶于强酸，肥效迟缓而稳长，属迟效性磷肥。主要是磷矿粉，但烟草生产中不常用此类磷肥。

三、钾肥

1. 硫酸钾

硫酸钾分子式为K_2SO_4，肥料中含氧化钾48%～52%，含硫18.4%，是我国应用最多的烟用钾肥。纯净的硫酸钾为白色或浅灰色结晶，易溶于水，吸湿性弱，不易结块，易于贮存、运输。它是化学中性、生理酸性肥料。硫酸钾适用于各种土壤，施入酸性土壤后，会使土壤进一步酸化，对北方的石灰性土壤会有局部的好处，在酸性土壤上应与有机肥、磷矿粉、石灰配合施用，以免造成土壤酸化和板结。硫酸钾在土壤中的移动性较小，一般以基肥和早期追肥的效果较好，可采取条施、沟施或穴施的集中深层施肥法。一般每公顷用120～150 kg为宜。世界上硫酸钾盐矿很少，硫酸钾多从氯化钾转化而来，一般含有2%～3%的氯，在土壤或灌溉水含氯量高的地区，必须施用含氯量低于1%甚至0.5%的硫酸钾。

2. 氯化钾

氯化钾肥料中K_2O含量50%～60%，是一种白色结晶盐，结晶氯化钾是松散的，完全溶于水。氯化钾是化学中性、生理酸性肥料。在酸性土壤上应与有机肥、石灰等配合施用。钾被土壤胶体保留，淋溶损失的可能性不大，随后以离子态被植物根吸收。但是，烟草对氯肥非常敏感，盲目使用氯化钾，可能带来烟叶含氯量超标，引起烟叶燃烧性降低，甚至黑灰熄火。对北方烟区来说，雨量少，且土壤含氯量较高，应杜绝氯化钾在烟草上使用（刘江等，1993；李荣兴等，2001）。

3. 草木灰

碱性，K_2O含量5%～10%，CaO含量2%～20%，另含多种微量元素，可作基肥、追肥，不宜和粪尿、铵态氮肥、水溶性磷肥混合。

我国钾资源贫乏，大部分化学钾肥从国外进口。我国各地都有一些岩石及工业、矿业副产品如绿豆盐、钾长石、窑灰钾肥，这些矿质中含有一定量的钾，因地制宜地开发利用这些矿质钾源，具有很重要的经济意义。

四、重要二元肥料

肥料的有效成分一般是阴离子和阳离子结合的无机盐，存在多种元素。之前多是从肥料三要素（N、P、K）中某一种元素（一元肥料）的角度来讲，这里介绍一下烟草生产中常用的几种重要二元肥料。

1. 磷酸二铵

磷酸二铵分子式为 $(NH_4)_2HPO_4$，肥料中一般 P_2O_5 含量为 46% ～ 53%，含氮量 18% ～ 21%，为氮、磷二元复合肥料。微碱性，略有吸湿性，水溶性，易被植物吸收，无副成分，宜作基肥深施于根系主要活动层内。

2. 硝酸钾

俗称火硝，硝酸钾分子式为 KNO_3，肥料中 K_2O 含量 46.58%，含氮 13.68%，是氮、钾二元复合肥料。易吸湿，纯净的硝酸钾为白色结晶，吸湿性较小，不易结块，副成分少，极易溶于水，呈中性，燃点低，易爆炸，储存和运输应远离易燃易爆物，注意安全。硝酸钾是化学中性、生理碱性肥料。氮是以硝态氮存在的，不易被土壤胶体固定而易流失。硝酸钾施入土壤后，较易移动。价格较贵，多用作叶面肥的原料，在烟草上适宜作追肥，尤其是中晚期追肥，一般每公顷用量为 150 ～ 250 kg。适宜作浸种和根外追肥。用 0.2% 浓度的溶液浸种，可加速种子发芽，促进幼苗及根系生长。作根外追肥时，可用 0.5% 的浓度，增强抗病力，改善产品品质。

3. 磷酸二氢钾

磷酸二氢钾分子式为 KH_2PO_4，肥料中 K_2O 含量 27%，P_2O_5 含量 24%，是钾、磷二元复合肥料。为白色结晶，易溶于水，吸湿性小，不易结块，溶液呈酸性反应，pH 值为 3 ～ 4。可在任何土壤上使用，尤其适用于磷、钾养分同时缺乏的地区，可作基肥、种肥和中晚期追肥。

由于磷酸二氢钾由磷酸和钾盐制成，价格昂贵，肥料紧缺，所以只用作浸种或叶面施用，浸种浓度为0.2%，根外追肥最高浓度为0.5%。是烟草很好的提苗肥。国家要求磷酸二氢钾产品含KH_2PO_4大于等于96%，pH值为4.4～4.6。

五、中微量元素肥料

1. 含钙肥料

石灰是主要的含钙肥料之一，可用作基肥。石灰又分为：生石灰（CaO），又称烧石灰，以石灰石、白云石及含碳酸钙丰富的贝壳等为原料煅烧而成；熟石灰[$Ca(OH)_2$]，又称消石灰，由生石灰加水或堆放时吸水而成，吸水时释放出大量的热；碳酸石灰（$CaCO_3$），由石灰石、白云石或贝壳类直接磨细而成，主要成分是碳酸钙。此外，含石灰质的工业废渣含有一定的钙，可用作基肥；硝酸钙、氯化钙可用作根外喷施；硫酸钙、过磷酸钙、钙镁磷肥、磷矿粉可用作基肥；草木灰可用作基肥、盖种肥。

2. 含镁肥料

含镁肥料又可分为：水溶性肥料，肥效快，植物易吸收，如硫酸镁、氯化镁、硫酸钾镁等；微溶性肥料，肥效慢，如钙镁磷肥、白云石等；含镁复合肥，如磷酸镁铵。

硫酸镁和硫酸钾镁常用作缺镁时的补充肥料。硫酸镁通常泛指七水硫酸镁（$MgSO_4 \cdot 7H_2O$），又名泻盐、泻利盐、硫苦、苦盐、镁黄氧、麻苦乐儿等，无色透明晶体，呈纤维状、针状、粒状、块状或粉末，无臭，清凉，有苦咸味，易溶于水，水溶液呈中性，慢溶于甘油，微溶于乙醇。

硫酸钾镁俗称钾镁矾，分子式$K_2SO_4 \cdot MgSO_4 \cdot 6H_2O$，味苦涩。其中包含K、Mg、S、O、H五种元素，目前应用较广。适用于任何作物，尤其适用于各种经济作物，既可做基肥、追肥，也可做叶面喷肥，还可以作为复合肥、BB肥的钾肥原料使用。

3. 含硫肥料

石膏是常用的硫补充肥料，又可分为：生石膏（$CaSO_4 \cdot 2H_2O$，含 S 18.6%），即普通石膏，俗称白石膏，由石膏矿直接粉碎而成，粉末状（要求过 60 目筛孔），微溶于水；熟石膏（$CaSO_4 \cdot 1/2H_2O$，含 S 20.7%），又称雪花石膏，它由生石膏加热脱水而成，吸湿性强，吸水后又变为生石膏，物理性质变差，施用不便，宜贮存在干燥处；含磷石膏（$CaSO_4 \cdot 2H_2O$，含 S 11.9%、P_2O_5 2%），是硫酸分解磷矿石制取磷酸后的残渣，是生产磷铵的副产品。其成分因产地而异。此外，含硫肥料还包括硫黄、硫酸铵、硫酸钾、硫酸镁（水镁矾）、硫硝酸铵、普通过磷酸钙、青矾等。

六、复（混）肥

复（混）肥是指氮、磷、钾三种养分中，至少有两种养分的肥料由化学方法或物理方法加工而成的复合或混合肥料。复（混）肥的基本类型有三个，为硫磷钾型、尿磷钾型和硝磷钾型。我国还有以氯化铵作为主要氮源的三元复合肥，称为氯磷钾型，但禁止在烟草上施用。无氯三元复合肥是烟草生产使用最广泛、使用量最大的肥料。复（混）肥料中营养成分和含量，习惯按氮 - 磷 - 钾的顺序，用阿拉伯数字表示。用“0”表示不含该种肥料，一般称为肥料规格即肥料配方。含有中微量元素时则在 K_2O 后面的位置上表明。复（混）肥料养分齐全，配比合理，可根据土壤、植株养分特性随时调整配方，科技含量高，有利于平衡施肥技术的贯彻实施，是化肥工业和农业科技结合的产物。

复（混）肥料有关质量指标主要包括含量、配比、养分形态、副成分、添加成分等。养分含量≥ 25% 为低浓度复合肥，≥ 30% 为中浓度，≥ 40% 为高浓度。烟草上使用氮、磷、钾配比为 15 ∶ 15 ∶ 15 的复合肥较多。烟草需要含有一定量的硝态氮，禁用氯化钾配制的复合肥，南方降水在 1000 mm 以上地区要求氯根小于 3%，北方干旱地区要求氯根小于 1%。今后应选择适合的氮、磷、钾来源，发展高浓度复合肥，并进行有机无机复合，添加菌种、增效剂、土壤改良剂、保水剂、农药，一肥多效，提高经济效益。

第二节
有机肥料

有机肥料指含有机质，既能为农作物提供各种有机、无机养分，又能培肥土壤的一类肥料，是我国烟草农业生产中的重要肥料。《有机肥料》（NY/T 525—2021）中明确指出，有机肥种类一般根据生产原料来确定，有机肥生产原料应遵循“安全、卫生、稳定、有效”的基本原则，目前烟草生产的有机肥主要种类有：种植业废弃物为原料的秸秆类有机肥，加工类废弃物为原料的饼肥类有机肥，养殖业废弃物为原料的畜禽粪便类有机肥，酒糟、醋糟类有机肥等。

有机肥富含大中微量矿质营养元素，其中磷、钾比例较高，氮、磷、钾之比约为 1∶0.52∶1.25，对补充钾的不足起着重要作用。有机肥料还富含有机物、生物活性物质（活性酶、氨基酸、糖类等）以及多种有益微生物等（固氮菌、氨化菌、纤维分解菌、硝化菌等），可以有效改良土壤理化性质和土壤根际微生物群落，提高土壤的增熵培肥力。

有机肥料使用得当，能培肥土壤，给烟株提供营养，提高烟叶质量和产量。有机肥料的使用，是农业生产的必要环节和组成部分（沈中泉等，1995）。广辟农家肥，推广堆肥还田，恢复和发展绿肥生产，坚持有机肥料和无机肥料配合施用的方针，是保证烟草农业持续发展的一项重大战略措施（刘泓，1999）。我国烟草生产中常用的有机肥种类包括厩肥、堆肥、豆饼、酒醋糟类、草木灰、秸秆、商品有机肥和绿肥等。

常见的有机肥发酵有槽式发酵、条垛式发酵和高温密闭发酵罐式发酵等方式。

① 槽式发酵：需要建设地上式或者地下式的发酵槽，发酵槽两边

的间隔墙上铺设导轨，槽式翻抛机在导轨上行走，同时，系统设有换轨机构来实现不同发酵槽间的转换。

② 条垛式发酵：在硬化处理后的平地上，将原料堆放成具有一定高度和宽度的条垛，条垛式翻抛机骑跨在条垛上，通过滚筒或螺旋输送机（绞龙）转动，将自然风从料堆两侧送入料堆，提供氧气，实现堆肥发酵。目前烟草行业普遍采用的是条垛式发酵。

③ 高温密闭发酵罐式发酵：在一个温度、通风、搅拌均可实现人为控制的密闭发酵罐中进行，具有无臭味、发酵周期短、营养物质损失少等优势。但发酵罐设备造价很高，单次处理量小。

一、厩肥和堆肥

厩肥通常指以家畜粪便为主，掺以各种垫料、饲料残渣积制而成的有机肥料。猪、马、牛等家畜的粪便等是农村中的一项重要肥源，其成分变化很大（表 3-1），但有效养分含量较低，肥效迟缓。从积肥数量看，厩肥在农家肥中占首位。猪圈粪是一种富含有机质和多种营养元素的完全肥料，适用于各类土壤，施用前在户外堆积半年至一年，充分腐熟后作基肥施用，于春季整地时撒施，不要混入烟草残体，以防传染病害。牛栏粪养分含量较低，腐熟分解慢，与热性的有机肥料混合基施效果好。合理使用厩肥对烟草有很好的增产增质效果，但厩肥施用应当慎重，尤其在北方烟区要求施用含氯量较低的腐熟厩肥。

表 3-1　我国主要厩肥的养分含量

分析项目	猪圈肥	牛栏粪	鸡窝粪
水分 /%	52.68 ～ 55.79	59.59 ～ 62.82	10.02 ～ 41.58
有机碳（C）/%	5.18 ～ 6.16	9.14 ～ 10.76	1
粗有机物 /%	15.98 ～ 18.01	15.52 ～ 16.93	7.36 ～ 42.45
全氮（N）/%	0.347 ～ 0.404	0.474 ～ 0.527	0.269 ～ 2.310
全磷（P）/%	0.144 ～ 0.167	0.123 ～ 0.140	0.367 ～ 0.703
全钾（K）/%	0.264 ～ 0.331	0.672 ～ 0.768	0.733 ～ 3.174

续表

分析项目	猪圈肥	牛栏粪	鸡窝粪
pH 值	7.80 ～ 8.14	8.27 ～ 8.51	7.22 ～ 8.84
灰分 /%	15.99 ～ 20.13	17.77 ～ 20.72	27.16 ～ 51.99
钙（Ca）/%	0.634 ～ 0.927	0.524 ～ 0.725	1.324 ～ 3.842
镁（Mg）/%	0.165 ～ 0.225	0.141 ～ 0.198	0.376 ～ 0.586
铵态氮（N）/（mg/kg）	91.46 ～ 166.86	179.40 ～ 301.60	
速效氮（N）/（mg/kg）	308.81 ～ 442.44	272.72 ～ 430.23	
硫（S）/%	0.096 ～ 0.141	0.087 ～ 0.113	0.154 ～ 0.337

堆肥是指控制有机废弃物分解所得到的产物，多由作物秸秆、杂草、落叶、垃圾等与牲畜粪尿共同堆积而成的有机肥料，又可分为普通堆肥和高温堆肥。

畜禽粪便类有机肥发酵技术为，取一定量的畜禽粪便原料，水分从 80% ～ 85% 调节到 60% ～ 65%，容重从 0.7 g/cm^3 调到 0.5 g/cm^3 左右，完成发酵物料制备，按原料量的 1.5‰～ 2‰比例接种发酵菌剂后，通过铲车建成条垛，用翻抛机混合均匀。温度变化为，条垛建成后，一般情况下 24 ～ 36 h 温度上升到 50℃，48 ～ 56 h 上升到 55 ～ 60℃，稳定 3 ～ 5 d，条垛上布满菌丝体，8 ～ 10 d 进入高温发酵期，温度达到 60℃以上，发酵完成后温度下降到 45℃以下。翻堆：条垛温度升到 55 ～ 60℃，维持 3d 后，条垛上长满菌丝体，进行第一次翻堆。2 ～ 3 d 后，温度再次上升到 55 ～ 60℃，长满菌丝体，进行第二次翻堆。然后进入发酵高温期，视条垛温度而定，翻堆频率为隔天或每天，发酵周期为 20 ～ 25 d。发酵终止：翻堆后条垛温度开始回落，一段时间后还没有回升到原来翻抛前的温度，表明发酵堆温开始下降，条垛温度降到 45℃以下，此时堆肥水分在 40% 左右，外观呈褐色或者黑色，物理结构疏松，无恶臭，说明堆肥已腐熟到位。

堆肥的碳氮比较大，分解较慢，肥效持久，养分全面，长期使用可起到改土作用，我国几种常用堆肥的主要养分含量如表 3-2。堆肥适用于各种土壤，一般作基肥施用，施用量以每亩 1000 ～ 2000 kg 为宜。按烟草营养需求特性和土壤性状合理选材配制的高温堆肥将是烟草施用的主要有机肥料。

表 3-2　主要堆肥养分含量

分析项目	高温堆肥	普通堆肥	沤肥
水分 /%	34.98 ～ 48.27	35.32 ～ 43.77	42.52 ～ 49.16
有机碳（C）/%	2.00 ～ 6.20	1.99 ～ 2.80	2.97 ～ 5.53
粗有机物 /%	9.94 ～ 15.73	8.27 ～ 10.49	10.32 ～ 25.45
全氮（N）/%	0.201 ～ 0.353	0.158 ～ 0.208	0.217 ～ 0.375
C/N	12.51 ～ 15.01	12.80 ～ 14.88	
全磷（P）/%	0.047 ～ 0.084	0.046 ～ 0.089	0.095 ～ 0.148
全钾（K）/%	0.502 ～ 0.691	0.506 ～ 0.616	0.123 ～ 0.259
pH 值	7.39 ～ 7.67	7.35 ～ 7.65	7.55 ～ 8.30
灰分 /%	38.53 ～ 51.66	43.74 ～ 52.60	
钙（Ca）/%	1.556 ～ 2.362	1.539 ～ 2.329	1.036 ～ 2.239
镁（Mg）/%	0.271 ～ 0.489	0.317 ～ 0.525	0.189 ～ 0.502

二、商品有机肥

商品有机肥是以河泥、杂草、人畜粪便、作物秸秆和蘑菇渣等富含有机质的资源为主要原材料，采用工厂化方式生产的有机肥料。成分以有机质为主。其质量稳定，生产过程中杀灭了虫卵、杂草籽等有害生物，减少病虫草害的传播。需要注意有效养分低，体积大，有异味。

三、豆饼

豆饼是工业生产所用的大豆提取油脂后的残余物，含有大量的蛋白质、脂肪酸、氮、钾等营养成分，养分齐全，是我国传统的烟草优质肥料。其平均有机质含量75%～85%，N 3%～7%，P_2O_5 1%～3%，K_2O 占1%～3%，还含各种微量元素。施用豆饼后土壤中细菌、放线菌、好气性纤维分解菌和亚硝化细菌数量明显增加；磷酸酶、蔗糖酶、脲酶活性显著增强，施用豆饼的烟叶颜色、光泽、油分均好，香气足，吃味纯正。豆饼具有化肥和其他有机肥所不可替代的作用（李广才等，1999）。豆饼充分腐熟后，可作基肥或追肥，条施或穴施。

饼肥类有机肥发酵技术：调节籽饼物料的pH到8.8～9.0，物料的水分控制在45%～50%。用搅拌机械，边搅拌边加入石灰水。在连续搅拌状态下加入菌种，添加量为4%，继续混合待菌种分布均匀。将以上调节好并接上菌种的物料，建成条垛，用翻抛机混合均匀。发酵过程中需要注意温度变化。建堆后堆温在48 h内逐步上升，当温度上升到50℃以上时开始第一次翻堆，用翻抛机进行翻抛，温度下降；当物料温度再上升到50℃时，进行第二、第三次翻抛，以此反复进行；发酵过程中，物料温度控制在50℃以内。同时关注pH变化，pH从起始的8.8～9.0开始逐步下降，2～4 d内下降到5.0～5.5，然后开始上升，pH上升到6.2～6.5表明发酵基本结束。发酵周期一般为5～7 d。

四、酒醋糟

酒糟、醋糟是由粮食、水和酵母等自然物质经过发酵而成的，富含有机质、多种营养成分和多种微生物。酒醋糟有机肥可以改良土壤结构，增强土壤的透气性和保水性，促进土壤微生物的繁殖和有机质的累积。由于酒醋糟有机肥中含有多种微生物和抗寒物质，因此可以增强作物的耐寒性和抗病能力，可以增加作物的色泽和香味，提高作物的品质。

酒、醋糟类有机肥发酵技术为，取一定量的酒糟或醋糟，pH从3～4调整到6.5～7.0，C/N从12左右调整到15～18。按原料量的0.2‰比例接种发酵菌剂。通过铲车建成条垛，用翻抛机混合均匀。温度变化：条垛建成后，一般情况下36～48 h温度上升到50℃，48～60 h上升到60℃以上，3～5 d稳定在60～65℃（条垛上布满菌丝体），8 ～ 10 d 进入高温发酵期，温度达到 70℃以上，发酵完成后温度下降到 50℃以下。翻堆：一般情况 3 ～ 5 d，条垛温度升到 60 ～ 65℃，并在条垛上长满菌丝体，进行第一次翻堆。2 ～ 3 d 后，温度再次上升到 60 ～ 65℃，长满菌丝体，进行翻堆。进入发酵高温期，视条垛温度而定，原则保持条垛温度不超过 65℃，翻堆频率为隔天或每天。发酵周期为 20 ～ 25 d。发酵终止：翻堆后条垛温度开始回落，一段时间后还没有回升到原来翻抛前的温度，表明发酵堆温开始下降，条垛温度降到 50℃以下，此时堆肥水分在 35% 左右，外观呈褐色、灰褐色或者黑色，物理结构疏松，无恶臭，说明堆肥已腐熟到位。后熟期：经过高温发酵后，酒糟发酵需氧量大量减少，堆肥空隙增大，氧扩散能力增强，只需自然通风无需翻堆。后熟期持续 1 ～ 2 月，进一步通过微生物活动将难腐熟的物料熟化。粉碎、过筛、包装：酒糟通过后熟期过后，用半湿物料粉碎机粉碎，再过 3 ～ 4 mm 的滚筒筛进行筛选，去杂去劣，形成酒糟有机肥最终产品，采用自动包装机包装成袋。

五、草木灰

草木灰是植物（草本和木本植物）燃烧后的残余物。主要含 K_2O 6% ～ 12%，其中 90% 为碳酸钾；含 P_2O_5 1.5% ～ 3%，属枸溶性磷肥；含有 CaO 5% ～ 35%；含各种微量元素。呈碱性反应，在酸性土壤上施用，不仅能供应钾，且能降低酸度，并可补充钙、镁等元素。需要注意易受雨水淋失，故应避免露天存放；不可与铵态氮肥及水溶性磷酸盐肥料混合施用。作基、追肥均可，条施或穴施。

六、秸秆

农作物的秸秆是重要的有机肥源之一，具有来源广、取材易、数量大、可再生等特点，可以通过堆沤、烧灰、覆盖、翻压等方式还田。农作物的秸秆含有相当数量的为作物所需要的营养元素，具有改良土壤的物理、化学和生物学性状，提高土壤肥力等作用。一般禾本科作物秸秆，如北方烟区的麦秸、玉米秸、豆秸，南方烟区的稻草等，含钾较多，是适宜烟草还田的秸秆种类（魏洪武和沈中泉，1994）。我国部分农作物秸秆主要养分含量如表 3-3。

表 3-3　部分秸秆主要营养元素的含量

种类	N/%	P_2O_5/%	K_2O/%	Ca/%	S/%
麦秸	0.5 ～ 0.67	0.2 ～ 0.34	0.53 ～ 0.6	0.16 ～ 0.38	0.123
稻草	0.63	0.11	0.85	0.16 ～ 0.44	0.112 ～ 0.189
玉米秸	0.48 ～ 0.5	0.38 ～ 0.4	1.67	0.39 ～ 0.8	0.203
豆秸	1.3	0.3	0.5	0.79 ～ 1.5	0.227

秸秆类有机肥发酵技术主要原料有秸秆、发酵菌剂、尿素。发酵菌剂用量为 2‰～ 5‰，需用糠、锯木面及其他粉料按 1：(5 ～ 10) 进行稀释，尿素用量为 1‰～ 2‰。农田周围较高的田坎处作为堆置发酵场地，堆置场地不能有渍水。按照横竖交替的方式分层堆置秸秆，每层堆置的秸秆要挤压紧实，每层厚度为 30 cm 左右，在表面撒上菌种和尿素，重复以上堆置过程，总高度 1.5 m 左右，秸秆堆垛重量不低于 1000 kg。秸秆堆置的顶部要相对平整，使用旧的厚农膜进行覆盖，覆盖后用石块将其压紧实，同时在压石块处的农膜上开洞，渗漏雨水以便补充水分，整个发酵周期在 4 ～ 5 个月。

中国农业科学院烟草研究所 4 年定位试验表明，秸秆集中还田明显能够降低土壤容重、疏松土壤，土壤微生物区系结构得到改善，促进烟株根系发育和中下部叶片生长，提高烟叶钾含量，使烟叶化学成分协调，香气增加，吃（余）味改善，杂气减少，提高烟叶评吸质量。湖北枣阳黄棕壤施用未经雨淋稻草每亩 250 kg 覆盖烟沟，增进土壤肥力，增强烟株抗逆性，提高产量，提高烟叶品质。秸秆还田技术应因秸秆种类、还田方式、土壤类型、温度、降水等条件不同而选择不同的方法，以保证烟叶质量为基本前提。

七、绿肥

绿肥系指在烟草种植前或前茬作物收获后直接在烟田中种植的、通过耕翻压青或收获沤制而作为烟田有机肥料的植物或作物，是植烟土壤有机物循环的一种特殊方式。种植绿肥是提高烟田土壤有机质的有效措施。绿肥翻压后，能增加土壤养分数量和有机质含量，改善土壤物理性质，调节土壤通气性、透水性、保水保肥性及土壤耕性。

我国绿肥种类较多，如苜蓿、苕子、紫云英、豌豆、蚕豆、绿豆、山毛豆、木豆、柽麻、田菁、燕麦、箭舌、籽粒苋等。其中，毛叶苕子、黑麦、燕麦、苜蓿等比较抗寒的冬季绿肥，适于在北方烟区种植。另外，全国绿肥协作网在全国进行了富钾绿肥的筛选工作，找到一些富钾绿肥，若能够种植，还能将土壤中矿物钾转变为植株钾，起到提高土壤供钾能力的作用（石屹等，2002）。

第三节
新型肥料

一、发展趋势

随科学理论与生产技术的不断进步，以及生产中对肥料实际需求的变化，肥料向着高效化、复合化、长效化、多元化、功能化、低碳化的方向发展。高效化：不仅有效地满足作物需要，还可省时、省工，提高工作效率；复合化：无机复合，有机无机复合，生物有机复合，农药、激素、除草剂复合；长效化：最好一季只用一次肥；多元化：大、中、微量元素；功能化：改土、促根、抗倒、壮秧、返青、缓控、除草、杀虫、灭菌；低碳化：减少温室气体的排放（朱贵明等，2022）。新型肥料应运而生，这里简要介绍一下已经出现的一些新型肥料的功能特点。

二、缓控释肥

1. 缓效肥料

缓效肥料指施用后在环境因素（如微生物、水）作用下缓慢分解，释放养分供植物吸收的肥料。例如应用最为广泛的由尿素和醛类反应缩合而成的脲醛缓释肥料，通过在氮肥中添加脲酶抑制剂和硝化抑制剂，来抑制尿素转化为碳铵和进一步转化为硝铵的速度。延长氮肥在土壤中存留时间，减少流失，提高肥料利用率。

2. 控释肥料

控释肥料指通过包被材料控制速效氮肥的溶解度和氮素释放速率，从而使其按照植物的需要供应氮素的一类肥料。控释肥料具有多重特点：可根据作物不同生长阶段对养分的需求，人为地控制养分的供应和释放速度，从而一次施用能满足作物各个生育阶段的需要；基本上能消除养分在土壤中的淋失、退化、挥发等损失；能在很大程度上避免养分在土壤中的生物、化学固定；能基本满足现代农业规模化的需求，省工、省时、省力，一次大量施用不会对作物根系产生伤害；价廉、养分含量高、利用率高等。

三、水溶肥

水溶肥料是指经水溶解或稀释，用于灌溉施肥、叶面施肥、无土栽培、浸种蘸根等的液体或固体肥料［《大量元素水溶肥料》（NY/T 1107—2020）］。其具有营养平衡、离子态、速溶、减少施肥量的特性。实际生产中可滴灌、喷灌、浇灌、喷施；浓度高，可全溶于水，腐蚀小。配合滴灌实现水肥一体化。

四、腐植酸类肥料

腐植酸类肥料简称腐肥，是以腐植酸为主的一种有机肥料。是用泥炭、褐煤、风化煤等为原料与氮磷钾等营养元素经不同加工方式制成的一类肥料。腐植酸含有多种活性基团，可促进土壤团粒结构的形成，增加土壤的代换容量，提高土壤缓冲能力，具有改良土壤的作用。腐植酸含氮3%～4%，并含有少量的硫、磷等营养元素，在分解过程中可释放出来供烟株吸收利用，供给养分。腐植酸可活化土壤中的微量元素，还可提高细胞膜和原生质的渗透性，加速营养物质进入作物体，增进肥效。腐植酸阳离子代换量是土壤的10～20倍，显著提高土壤的保肥能力。并刺激作物生长发育，增强作物抗旱、抗寒、抗病能力，具有改善作物品质等多种功能（靳志丽等，2002a；2002b）。腐植酸还可在一定程度上降低pH值，增加土壤有机质含量，改善土壤营养状况。腐植酸最适宜用量为每亩8 kg左右。

我国有较丰富的腐植酸自然资源，在使用厩肥、土杂肥等受到限制的情况下，腐植酸类肥料在烟草生产上有很好的开发利用前景。但是必须指出，腐植酸类肥料同时也是一种不可再生的有机肥资源，过度开发利用泥炭、褐煤、风化煤等资源，会破坏这些地区的生态平衡，不利于我国农业的可持续发展。

五、氨基酸类肥料

氨基酸类肥料指能够提供各种氨基酸类营养特质的肥料，成分包含各种氨基酸，部分肥料含微量元素。具有提供有机氮源、刺激植物生长、提高肥料利用率的特性。烟草生产中可滴灌、冲施、叶面喷施；宜作追肥，不宜作基肥；易吸潮，未用完密封保存；无需粉碎，在其他原料粉碎混合均匀后再添加混合，以免黏附设备，或者用50%水浸泡3～6 h待完全溶解后添加。

六、微生物肥料

生物肥料一般称为微生物肥料，又叫菌肥，或称为微生物菌剂、微生物接种剂、活菌肥料等，国际上习惯统称为生物肥料。所谓生物肥料，是指肥料自身含有相当（特定）数量的对植物有益的微生物，应用后可获得特定肥料效应，而在这个效应的产生过程中，肥料中的有益微生物处于关键或主要的地位。生物肥料为由一种或数种有益微生物、培养基质和添加剂培制而成的生物性肥料。它含有大量的有益微生物，为对特定作物有特定肥效的特定微生物制品。按其功能分为根瘤菌肥、固氮菌肥、抗生菌肥、磷细菌肥、钾细菌肥等，具有环境污染少、改善土壤环境、提高作物抗病虫和抗旱能力的特性。微生物肥料用量少，每亩 0.5 ～ 1 kg；运输和施用后易受到环境的影响；有效期通常半年至一年（夏振远等，2002）。

七、其他肥料

此外还有一些新兴的新型肥料，比如生物炭和海藻肥。生物炭是一种作为土壤改良剂的木炭，能帮助植物生长，可应用于农业以及碳收集及储存，有别于一般用于燃料之传统木炭。生物炭跟一般的木炭一样是生物质能原料经热裂解之后的产物，其主要成分是碳分子，原料来源主要是锁定空气中的二氧化碳，有利于减轻温室效应；海藻肥是一种使用海洋褐藻类生产加工或者是再配上一定数量的氮磷钾以及中微量元素加工出来的一种肥料。有多种形态，市场上主要是以液体跟粉末为主，很少一部分是颗粒状态。海洋褐藻含有很多种物质，现已研究发现其中存在激动素、赤霉素、脱落酸、乙烯、甜菜碱、多胺等多种植物活性物质。

参考文献

曹槐，张晓林，刘世熙，等，2001. 烤烟矿质营养分布的因子分析 [J]. 植物营养与肥料学报，7(3):318-324.

丁伟，2002. 贵州植烟土壤硫素营养特征研究与含硫肥料施用探讨 [J]. 中国烟草科学 (1):14-15.

胡国松，郑伟，王震东，等，2000. 烤烟营养原理 [M]. 北京：中国科学技术出版社.

靳志丽，刘国顺，梁文旭，2002a. 腐植酸对烤烟根系生长和生理活性的影响 [J]. 烟草科技 (7):36-38.

靳志丽，刘国顺，聂新柏，2002b. 腐植酸对土壤环境和烤烟矿质吸收影响的研究 [J]. 中国烟草科学 (3):15-18.

李广才，李富欣，王留合，1999. 饼肥和腐植酸对植烟土壤养分及烤烟生长影响 [J]. 烟草科

技 (3):39-41.

李荣兴 , 李淑君 , 闫克玉 , 等 ,2001. 施钾量对烤烟产质、主要化学成分和焦油量的影响 [J]. 烟草科技 (8):40-42.

刘泓 ,1999. 有机肥与化肥配施对烤烟品质的影响 [J]. 中国烟草科学 ,21(1):18-21.

刘江 , 江锡瑜 , 赵讲芬 ,1993. 烤烟施用氯化钾对烟叶及土壤含氯量的影响 [J]. 中国烟草学报 ,1(3):34-39.

陆引罡 , 杨宏敏 , 魏成熙 , 等 ,1990. 硝酸铵施入烟草土壤中的去向 [J]. 烟草科技 (2):39-40.

沈中泉 , 郭云桃 , 袁家富 ,1995. 有机肥料对改善农产品品质的作用及机理 [J]. 植物营养与肥料学报 (1):54-59.

石屹 , 计玉 , 姜鹏超 , 等 ,2002. 富钾绿肥籽粒苋对夏烟烟叶品质的影响研究 [J]. 中国烟草科学 (3):5-7.

魏洪武 , 沈中泉 ,1994. 烟叶秸秆覆盖试验研究 [J]. 烟草科技 (5):37-39.

奚振邦 ,2008. 现代化学肥料学 [M]. 北京 : 中国农业出版社 .

夏振远 , 李云华 , 杨树军 ,2002. 微生物菌肥对烤烟生产效应的研究 [J]. 中国烟草科学 (3):28-30.

查录云 , 郑劲民 , 谢德平 , 等 ,1999. 硫与烤烟质量相关性试验研究 [J]. 烟草科技 ,3(4):40-42.

朱贵明 , 何命军 , 石屹 , 等 ,2002. 对我国烟草肥料研究与开发工作的思考 [J]. 中国烟草科学 (1):19-20.

第四章

烟草营养诊断

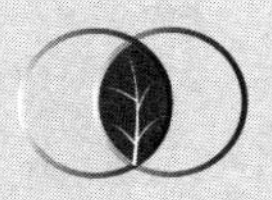

第一节
诊断原理和方法

一、诊断原理

1. 常规诊断方法原理

土壤养分分析法、植物组织分析法以及植物外观形态症状诊断法是烟草生产过程中经常使用的常规诊断方法。土壤养分分析法是通过分析耕层土壤元素的丰缺水平，来判断作物的吸收和生长状况。植物组织分析法是通过测定植物体中的养分含量与临界值进行对比来判断养分的丰缺状况，其诊断原理是利用化学试剂以及实验室条件对土壤、植株进行处理，测定其养分含量。外观形态症状诊断是依据植物的外观形态症状来判断是否缺乏某种营养元素。顾名思义，就是植株缺乏某种营养元素时会表现出特有的症状，根据植株表现出的症状从而推测植株缺乏的营养元素，以做出相应的追肥措施。

2. 无损诊断方法原理

（1）SPAD 仪营养诊断原理

叶绿素作为叶片的主要光合色素，有两个明显的吸收峰，一个位于蓝光波段（400 ～ 500 nm），另一个位于红光波段（600 ～ 700 nm）。SPAD 仪是基于叶绿素含量的间接测量，它测量红光 650 nm（叶绿素吸收）和 940 nm 近红外光（叶片厚度校正）的叶片透射率，这两个透射率的比值称为 SPAD 读数或 SPAD 值（Chubachi 等，1986）。叶片叶绿素含量的变化与氮素含量密切相关（Evans 和 Seemann，1984；Peng 等，1993；张金恒等，2003），可用叶绿素含量间接指示植物的氮素含量，利用 SPAD 值诊断植物氮素营养状况。

（2）数字图像技术诊断原理

数字图像技术是指采用图像处理技术将图像信息转换为数字信息，并利用计算机进行数据处理。植物茎叶因施氮量水平不同表现出来的外观色彩有差别，数字图像诊断氮营养技术根据植物的这些外在表现，通过使用数码相机对植物叶片进行拍照，获取植物冠层图像，采用数字图像处理技术，进行准确分割，通过提取冠层绿叶部分的颜色信息，定量诊断该植物氮营养状况。

（3）高光谱遥感技术诊断原理

植物叶片在不同波段下的不同吸收和反射特性是高光谱技术进行营养诊断的理论基础。植物叶片的生长状况之所以能够反映在其光谱信息上，是因为在不同养分的供应下，微观上，植物叶片色素、水分等某些化学组分含量等发生不同的变化；宏观上，作物叶片的厚度、颜色、长势和冠层结构等发生变化，这些变化都会引起某些波段处的光谱反射和吸收产生差异，从而产生了不同的光谱反射率，在非成像光谱上呈现出反射率不同的波形曲线，然后利用产生显著差异的敏感波段或关键波段来建立估测模型，反映作物体内生化成分含量。

二、诊断方法

1. 常规诊断方法

烟草营养元素的常规诊断方法有土壤养分分析、植物组织分析、土壤和植株联合诊断，还有烟株养分的速测法及根据烟株缺素的形态症状进行诊断。其中氮素是影响烤烟植株生长和发育及烟叶品质的最重要的营养元素，在移栽后55d左右取刚刚展开的新叶，检测叶脉基部硝酸盐含量，可作为氮素快速诊断的指标。磷、钾含量也可以进行快速诊断。但氮、磷、钾快速诊断的指标范围没有定论。微量元素的含量通常用组织分析来测定，即检测特定时期在个别位置上的叶片微量元素含量。

常规的营养诊断方法测定的结果较准确，可以直接准确地检测作物的营养状况，是较为成熟的营养诊断技术，也是当前应用最为广泛的技术。但几种常规诊断方法均存在一定的缺点，如操作流程复杂、破坏植物组织以及时效性差等。尤其是烟株缺素的形态症状诊断方法主要依靠人的经验对植物外观所表现出来的特征来判断，这种诊断方法局限性较大，在实际应用中往往存在误诊，或不能对植株进行定量分析等问题。针对这一问题，植物组织分析诊断方法可以借助化学试剂对植株、叶片和组织液中的营养元素进行测定，测定结果较为准确，可以准确反映植物的营养水平，现已作为诊断植物营养状况的指标之一。但该方法破坏植株组织，过多依赖化学试剂及实验室条件，操作较为烦琐且耗时耗力。

2. 无损诊断方法

植株无损诊断技术是针对传统营养诊断方法的局限性而提出的一种新技术。该技术具有不损失植株、操作流程简便以及实时获取测量值等优点而得到广泛应用，主要可分为SPAD仪诊断、数字图像技术诊断和高光谱遥感技术诊断。

（1）SPAD仪诊断

SPAD仪是由日本美能达公司研发的一款手持式分光光度计，用于以快速和非破坏性的方式测量植物的相对绿度。SPAD仪是近年来光谱遥感技术应用的产品之一，使用时只需夹住叶片，指数就会显示出来，测量过程不需任何试剂，具有方便、快捷、无损等特点。

（2）数字图像技术诊断

数字图像技术利用数码相机对植物叶片冠层进行拍照，通过分析图像色彩参数获得与该植物氮素营养状况之间的关系。

（3）高光谱遥感技术诊断

高光谱遥感技术采用主动光源，通过测量光谱反射率，增大光源发光强度，使用滤光片滤除杂散光及不同的计算公式，解决在高氮区和低氮区测量值偏差极大的问题，为精准测氮提供了新的方法。高光谱遥感诊断方式不同于SPAD仪诊断，SPAD仪是接触式的点测量，高光谱遥感属于非接触式的面测量，其理论均是基于植物冠层对红光强烈吸收、对近红外光强烈反射的原理。

第二节
土壤养分分析法应用

土壤分析诊断法通过采集土壤样品和标准化制备处理，再用化学方法或仪器分析等方法测定土壤样品中的有效营养元素含量，通过土壤与植株之间的营养元素吸收、运转和代谢规律分析，判断出所生长的环境是否能够提供植株健康生长发育所必需的营养条件，间接诊断出植株营养水平的方法。

植物对氮素的吸收主要通过根系从土壤中获得，氮肥的施用也主要针对土壤而进行。目前，评价土壤氮素丰缺的指标包括土壤全氮、有效氮和无机氮含量等，测定方法包括常规化学分析技术（凯氏法、碱解扩散法、靛酚蓝比色法和酚二磺酸比色法等）（鲁如坤，2000）、土壤养分系统分析法（ASI 法）（金继运等，2006）、Mehlich 法（Mehlich，1984）等。

一、土壤全氮诊断

土壤全氮能反映土壤总的供氮状况，是衡量土壤氮素基础肥力的指标。土壤全氮量变化很小，测定方法成熟，测定结果可靠。但一般操作费时、烦琐，与作物生长的相关性较差，应用受到限制（南京农业大学，1992）。

二、土壤有效氮诊断

土壤有效氮包括无机的矿物态氮和部分有机质中易分解的、比较简单的有机态氮，它能反映土壤近期内氮素供应的状况。测定土壤有效氮的方法很多，但迄今尚无一个可靠通用的方法。生物培养法测定土壤有效氮方法较烦琐，需要时间长，但测出的结果与作物生长有较高的相关性；化学分析方法测定土壤有效氮快速、简便，但只能模拟估计土壤有效氮的供应。化学分析方法有 2 种：酸水解和碱水解。酸水解对有机质含量高的酸性土比较合适，测定结果与作物有良好的相关性；碱水解操作较为简便，结果的再现性也较好，它不仅能测出土壤的供应强度，也能反映氮的供应容量和释放速率（南京农业大学，1992）。

三、土壤无机氮诊断

目前，广泛应用的 N-min（土壤剖面无机氮测试）方法是依据 Wehrmann 及其小组在 20 世纪 70 年代的工作发展而来的氮素诊断方法（陈新平等，1999）。此方法如在播种前进行，应根据不同作物确定采取土样深度。我国研究认为，小麦取 0 ～ 80 cm、玉米取 0 ～ 100 cm 土样分析其无机氮总量，再根据作物的目标产量确定施氮量。如在作物生长一段时期后采样，取表土 0 ～ 30 cm 土壤进行硝态氮测试来确定追氮量，此时前茬残留物、土壤有机质已开始矿化，而主要淋洗危险已经过去，因此土壤无机氮的测定值和作物产量的相关性较好（南京农业大学，1992）。目前，应用土壤 0 ～ 30 cm 硝态氮速测法进行氮素营养诊断已逐渐成为简便快捷的测试技术。

土壤分析是应用化学分析方法诊断植物营养最先使用的方法。植物组织分析反映的是植物体的营养状况，而通过土壤分析则可判断土壤环境是否适宜根系的生长活动，即土壤提供生长发育的条件。土壤分析可提供土壤的理化性质及土壤中营养元素的组成与含量等诸多信息，从而使营养诊断更具针对性，也可以做到提前预测，同时该法还具有诊断速度快、费用低、适用范围广等优点。但是大量的研究表明，土壤中元素含量与植物体中元素含量间并没有明显的相关关系，因而土壤分析并不能完全回答施多少肥的问题。所以只有同其他分析方法相结合，才能起到应有的作用。

表 4-1 为烟区土壤养分丰缺指标一览表。

表 4-1 烟区土壤养分丰缺指标一览表

指标	极缺（过低）	缺乏（低）	适中	丰富（高）	极丰富（过高）
pH	＜4.5	4.5～5.5	5.5～7.0	7.0～7.5	≥7.5
有机质/%	＜0.6	0.6～1.5	1.5～2.5	2.5～4.0	≥4.0
全氮/（g/kg）	＜0.5	0.5～1.0	1.0～1.5	1.5～2.0	≥2.0
碱解氮/（mg/kg）	＜30	30～65	65～100	100～150	≥150
全磷/（g/kg）	＜0.2	0.2～0.4	0.4～0.8	0.8～1.0	1.0
有效磷/（mg/kg）	＜5	5～10	10～20	20～40	≥40
全钾/（g/kg）	＜10	10～20	20～30	30～40	≥40
速效钾/（mg/kg）	＜80	80～150	150～220	220～350	≥350
交换性钙/（cmol/kg）	＜2	2～4	4～6	6～10	≥10
交换性镁/（cmol/kg）	＜0.4	0.4～0.8	0.8～1.6	1.6～3.2	≥3.2
水溶性氯/（mg/kg）	＜5	5～10	10～20	20～30	≥30
有效硫/（mg/kg）	＜5	5～10	10～20	20～40	≥40
有效铁/（mg/kg）	＜2.5	2.5～4.5	4.5～10	10～20	≥20
有效锰/（mg/kg）	＜1	1～5	5～15	15～30	≥30
有效铜/（mg/kg）	＜0.1	0.1～0.2	0.2～1.0	1.0～1.8	≥1.8
有效锌/（mg/kg）	＜0.3	0.3～0.5	0.5～1.0	1.0～3.0	≥3.0
有效硼/（mg/kg）	＜0.2	0.2～0.5	0.5～1.0	1.0～1.5	≥1.5

第三节

植物组织分析法应用

作物体内的养分情况直接反映其营养水平，所以作物某一组织或器官的养分含量常被用来作为推荐施肥的指标。一般植株微量元素通常使用组织分析法来测定。表 4-2 为烟草微量元素诊断临界值。

表 4-2　烟草微量元素诊断临界值

项目	铜	锌	锰	硼	铁	钼	氯
正常范围 /（mg/kg）	12 ～ 45	300 ～ 800	7 ～ 25	200 ～ 800	40 ～ 150	10 ～ 60	3 ～ 6
临界值 /（mg/kg）	10	—	4	50	20	—	1

植株的氮素指标能够直接反映植物体的氮素营养状况，可以较准确地进行营养诊断。植物的生长除受光照、温度与供水等环境因素影响外，还与必需营养元素的供应量密切相关。植物养分浓度与产量密切相关，因此，植物组织养分浓度可以作为判断植物营养丰缺水平的重要指标。李比希提出的“最小养分律”、Macy（1936）及 Ulrich 和 Hills 的“临界百分比浓度”、Sher 的“养分平衡”及 Kenworthy 的“标准值”等理论为准确进行植物组织分析营养诊断奠定了基础。在 20 世纪 70 年代以后，植物组织分析营养诊断方法又取得了突破性的进展，Beaufils 的“营养诊断与施肥建议综合法”（diagnosis and recommendation integrated system，简称 DRIS），Walworth 的“M-DRIS 法”及 Montanes 的“适宜值偏差百分数法”（deviation from optimum percentage，简称 DOP）进一步丰富和发展了植物营养诊断（姜远茂，2001）。这一切都为准确进行植物组织分析营养诊断奠定了坚定的理论基础，极大地推动了植物组织分析营养诊断方法的发展。

一、植株全氮诊断

在作物化学诊断分析工作中，植株全氮诊断研究得最早、最充分，大多数作物不同生育期和不同部位器官的氮临界浓度已基本清楚。植株全氮含量可以很好地反映作物氮素营养状况，与作物产量也有很好的相关性，且全氮含量相对比较稳定，是一个很好的诊断指标（冯伟等，2008）。传统的全氮营养诊断方法主要是基于植物组织的实验室化学分析。主要的实验室化学分析方法有杜马氏方法，该法的主要仪器是全自动定氮仪。杜马氏方法是将样本充分燃烧，植物所有形态的氮均转化为氮气，通过计算氮气的体积来计算样本的全氮量。该方法的主要缺点是仪器太贵，不能普及。另外一种常用的方法是凯氏法，即浓硫酸和混合加速剂或氧化剂消煮植株样本，将有机氮转化为铵态氮后用蒸馏滴定法测定。无论是杜马氏方法还是凯氏法均为试验室内化学分析方法，这些分析方法普遍要求破坏植被样本。从采集大量的样本，烘干，称重，研磨，直到使用有潜在危害性药品进行测试，需耗费大量的时间、人力和物力。由于花费时间过长，以至于结果的适时性不强，而且试验室化学分析需要有经验的专业分析人员和大量的分析试剂与设备，因而在生产中难以实现快速规模化推广应用。

二、硝酸盐快速诊断

由于硝态氮作为非代谢物质，以一种半储备状态存在于植物体内，当植株全氮含量超过某一阈值时，植物开始累积硝态氮，在根、茎和叶中都有类似的趋势。当作物有轻微缺氮时，硝态氮库的需求迅速增加，此时，全氮库还没有明显变化，而硝态氮库已发生明显变化。若供氮超过作物需求时，硝态氮也比全氮有较大幅度增加。植物组织中硝态氮含量的相对变化要远远大于全氮，它能灵敏地反映作物对氮的需求，因此可以用硝态氮代替全氮作为氮素营养诊断指标来估计植株氮素营养状况和进行追肥推荐。研究表明，硝态氮预测小麦氮缺乏较为可靠（Papastylianou 和 Puckridge，1983），但临界值在地点间的变异很大，受植物基因型、土壤等影响，且随时间变化迅速，因此在实际应用中存在着一定的局限性。目前，以硝态氮（硝酸盐）作为诊断植株氮素营养丰缺状况的指标在旱地作物和蔬菜上应用得较多。

植株硝酸盐快速诊断（nitrate quick test）主要有二苯胺法和反射仪法：二苯胺法是在酸性条件下，让 NO_3^- 与二苯胺和浓硫酸作用，生成蓝色的醌型联苯胺，其显色强度与 NO_3^--N 浓度之间符合朗伯 - 比尔定律，可以通过比色法确定 NO_3^--N 的浓度，找到氮素营养诊断值；反射仪法是根据 NO_3^--N 的偶氮反应原理生成红色染料，通过比色法由反射仪直接读出 NO_3^--N 的浓度，然后找到氮素营养诊断值（焦雯珺等，2006）。

目前，在植物生长期间的植物营养分析已经发展成为一项较为成熟的诊断技术。许多国家，如英国、德国、澳大利亚和美国都已成功地应用该项技术来指导植物生产。我国林学工作者也应用该项技术来指导栗树、松树、毛竹、桉树、银杏等生产。

叶片是营养诊断的主要器官。养分供应的变化在叶片上的反映比较明显，叶片分析是营养诊断中最易做到标准化的定量手段，但有时仅凭元素总含量还难以说明问题，尤其是钙、铁、锌、锰、硼等特别易于在果实和叶片中表现生理失活的元素，往往总量并不低，而是由于丧失了运输或代谢功能上的活性导致缺素症状的发生。因此，除了叶片分析外，还可根据不同的诊断目的，运用其他植物器官的分析，或相对于全量分析的“分量”分析，以及组织化学、生物化学分析和生理测定手段。表 4-3 为“国际型优质烟开发项目”烟叶部分矿质元素和化学成分的基本统计量。

表 4-3 “国际型优质烟开发项目”烟叶部分矿质元素和化学成分的基本统计量

烟叶成分	平均数	中位数	众数	全距	最小值	最大值	5%百分点	95%百分点
氮 /%	2.08	2.09	1.10	2.17	1.10	3.27	1.42	2.72
磷 /%	0.23	0.22	0.21	0.48	0.14	0.62	0.16	0.33
钾 /%	1.62	1.58	0.65	3.56	0.65	4.21	0.87	2.46
钙 /%	2.27	2.25	1.10	3.08	1.10	4.18	1.32	3.26
镁 /%	0.28	0.24	0.09	0.60	0.09	0.69	0.11	0.61
氯 /%	0.27	0.23	0.07	0.95	0.07	1.02	0.12	0.57
锰 /(mg/kg)	145.22	100.54	18.82	640.67	18.82	659.49	34.10	365.55
铜 /(mg/kg)	14.12	11.85	3.74	113.78	3.74	117.52	5.27	26.59
锌 /(mg/kg)	39.79	37.92	55.78	100.98	11.05	112.02	17.23	73.51
硼 /(mg/kg)	29.89	25.49	14.11	72.19	14.11	86.31	16.60	55.19

续表

烟叶成分	平均数	中位数	众数	全距	最小值	最大值	5%百分点	95%百分点
钠 /(mg/kg)	258.45	233.41	88.75	617.84	88.75	706.59	134.69	477.49
铁 /(mg/kg)	116.22	91.61	46.60	534.02	46.60	580.62	54.31	267.83
烟碱 /%	2.74	2.68	1.05	4.59	1.05	5.65	1.41	4.42
还原糖 /%	20.92	21.18	11.45	16.14	11.45	27.59	14.44	25.47

第四节
形态症状诊断法应用

营养元素缺素形态症状诊断的依据是由缺乏任何一种必需营养元素所导致可见的或化学的异常，其最初表现形式是典型的。缺素症大致分为两组：一组是缺氮、磷、钾和镁引起的，它们在植株体内很容易移动，缺素症状起初集中在老叶或下部叶，后来扩展到整株；另一组是缺钙、硼、锰、硫等流动性差的营养元素，症状出现在上部叶或芽叶的顶端生长点上。缺锌、铜、钼的症状首先出现在烟株的中部叶片上，后来出现在上部和较下部叶片上。

一、症状诊断

根据作物表现出的某种特定症状，从而确定其可能缺乏某种元素，症状诊断在很多营养元素的诊断上已得到广泛应用。缺氮时，作物地上部和根系生长都显著受到抑制，叶片细小直立，与茎的夹角小，叶色淡绿，严重时呈淡黄色。植株茎秆细而长，很少有分蘖或分枝，同时繁殖器官的形成和发育也受到限制，花和果实稀少，植株提前成熟。种子和果实小而不充实，显著影响作物的产量和品质。氮素过多的症状为植株徒长，节间长，分蘖多，叶色嫩绿，贪青晚熟。这种氮素诊断的方法通常只在植株仅缺一种元素的状况下有效，在植株同时缺乏两种或两种以上营养元素，或出现非营养元素（如病虫害、药害、生理病害）而引起的症状时，易于混淆，造成误诊。再者，当植株出现某种症状时，表明缺氮状况已经相当严重，此时再采取补救措施为时已晚。因此，症状诊断在实际应用中存在明显的局限性。

二、长势诊断

中国人民在长期生产实践中，早就总结出许多依据作物形态特征诊断其生长发育的方法，即看苗诊断。狭义的长势即作物生长的速度，如分蘖发生的迟早和多少、出叶的快慢、叶片的长短和叶面积的大小、发根能力的强弱和数量的多少等。20 世纪 60 年代后，这种诊断方法在中国受到广泛重视，并在总结农民丰产经验的基础上得到发展和充实。其主要指标有分蘖消长动态和叶面积指数。最近，杨邦杰对长势的内涵加以扩充，囊括了传统看苗诊断所有的指标，把长势定义为作物生长的状况与趋势（杨邦杰和裴志远，1999）。作物的长势可以用个体与群体特征来描述，禾谷类作物的个体特征可以用茎、叶、根与穗的特征描述，如株高，分蘖数，叶的数量、形状、颜色，根的发育情况等。群体特征可用群体密度、叶面积指数、布局与动态来描述，只有发育健壮的个体构成合理群体，才能是长势良好。根据植株长势长相和特定叶位间的节间长度，可以诊断不同生育时期氮素营养丰缺状况，如烟草缺氮时，蛋白质、核酸、磷脂等物质的合成受阻，叶面积减小、叶色发黄从最底叶到顶叶递减，在一片烟叶上褪绿发黄比较均匀。严重缺氮时下部叶呈淡棕色火烧状，并逐渐干枯而死。调制后的烟叶薄而轻，产量低，烟叶颜色淡或灰色，光滑并缺少理想的组织结构。这种方法在一定程度上可以有限地判断植株的氮素营养状况，但随着品种更新换代频繁，其外观长势长相发生变化，因而在生产应用上受到限制。

三、叶色诊断

中国农民素有看作物叶色施追肥的传统经验，从300多年前的《沈氏农书》关于对水稻进行叶色诊断追施孕穗肥到现在，叶色诊断氮营养的方法已逐渐发展成熟。叶色诊断是依据作物叶色的变化来进行营养诊断和追肥的方法，缺氮时叶色变浅，下层叶片叶色转为淡绿色、浅绿色，甚至黄色。20世纪50年代，全国劳模陈永康总结了水稻群体叶色的“三黑三黄”变化，以控制晚稻生长发育，达到高产稳产的经验，提出了“肥田黄透再施，瘦田见黄既施，一般田不黄不施”的水稻追肥原则。人们对看苗施肥的方法进行了大量研究和总结，但是这种方法缺乏定量叶色深浅的客观标准，很难推广应用。

20世纪70～80年代，日本农学家和中国学者先后研制出了叶色票和叶色卡（Peng等，1993；陶勤南等，1990），建立了叶色等级评判标准，但是测定方法仍沿用目测，叶色等级评判受人的主观意识影响较大。叶色是植株体内氮素养分的外在表现，用叶色卡判定的叶色级可以粗略作为氮素营养水平高低的指标。他们根据不同品种类型确定标准叶级范围，当田间叶色级超过标准叶色级，说明氮素过剩，应采取措施加以控制；当叶色级小于标准叶色级水平，则表明氮素营养不良，应追施适量氮肥。叶色诊断是氮素营养诊断中简单易行的方法，如标准叶色级确定合适，诊断会取得良好的效果。总体来说，叶色卡法简单、方便、营养诊断半定量化，但是不能区分作物失绿是由缺氮引起的还是由其他因素引起的。该法还受到品种、植被密度以及土壤氮素状况和叶绿素含量变化等因子的影响（Balasubramanian等，1998）。另外人们对颜色的视知觉在不同的个体之间存在差异，这些都制约着叶色卡法诊断水稻氮素营养的应用和精度。

不管是症状诊断、根据长势长相诊断还是根据叶色诊断，三者都是根据植株缺乏元素后表现出来的外部变化来诊断的。但是当植株处于潜在缺乏时，植株外部并没有明显症状，当这些症状表现出来时已经对作物造成了不可逆转的伤害，作物产质量受到不可逆的消极影响。

植物外观诊断法的优点是直观、简单、方便，不需要专门的测试知识和样品的处理分析，可以在田间立即做出较明确的诊断，给出施肥指导，所以在生产中普遍应用。这是目前我国大多数农民习惯采用的方法。但是这种方法只能等植物表现出明显症状后才能进行诊断，且由于人的主观性强，往往是定性诊断；并且由于此种诊断需要丰富的经验积累，又易与机械及物理损伤相混淆，不能进行预防性诊断，起不到主动预防的作用；或有些症状不十分明显，或症状被气候、害虫、疾病等因素掩盖，特别是当几种元素缺乏造成相似症状的情况下，更难做出正确的判断，所以在实际应用中有很大的局限性和延后性。烟草缺乏营养元素的视觉诊断症状可参考表 4-4。

表 4-4　缺素诊断表

病症	缺乏元素
一、缺素症状出现在老组织	
斑点是否易出现	
1. 不易出现斑点	
① 新叶淡绿，老叶黄化枯焦、早衰	缺氮
② 茎叶暗绿色或呈紫红色，生育期延迟	缺磷
2. 易出现斑点	
① 叶尖及边缘先枯焦，并出现斑点，症状随生育期而加重，早衰	缺钾
② 叶脉间明显失绿，出现清晰网状脉纹，有多种色泽斑点或斑块	缺镁
③ 中下部叶片黄化，主脉两侧可能出现斑点，生育期推迟	缺锌
二、缺素症状出现在新生组织	
顶芽是否易枯死	
1. 顶芽易枯死	
① 叶尖弯钩状，并相互粘连，不易伸展	缺钙
② 茎叶柄变粗，脆、易折断，花器官发育不正常，生育期延长	缺硼
2. 顶芽不易枯死	
① 新叶黄化，失绿均一，生育期延迟	缺硫
② 脉间失绿，出现细小棕色斑点，组织易坏死	缺锰
③ 幼叶萎蔫，出现白色叶斑，果、穗发育不正常	缺铜
④ 脉间失绿，发展至整片叶淡黄或发白	缺铁
⑤ 叶片生长畸形，斑点散布在整个叶片	缺钼
⑥ 叶小簇生，生育期推迟	缺锌

第五节
光谱诊断法应用

传统的营养诊断通常需要对植株进行破坏性取样，分析测试过程烦琐且结果滞后（郭建华等，2008）。随着科技的发展，基于光谱特征的现代营养诊断因其便捷、快速、高效等特点，在作物营养诊断中具有较为广泛的应用前景（贾良良等，2007）。植物光谱诊断是基于植物的光谱特性来反映植物的生理生化特征和化学成分的变化（李佛琳，2006）。植物的光谱特性与叶片结构和色素含量有关，与植物营养状况也密切相关。

一、SPAD仪诊断

植物叶绿体内的氮素占总氮素的70%以上，叶绿素的含量与植株的氮素状况之间联系密切，可以反映植物中氮的营养状况（杨张青等，2019）。SPAD仪最初被用于诊断水稻叶片的氮素状况并确定氮肥的需求（Chubachi等，1986），之后在多种作物上得到了广泛的应用（Piekielek和Fox，1992；Netto等，2005；Chang和Robison，2003；朱新开等，2005；李志宏等，2005）。

国内外关于SPAD仪的研究主要包括以下几个方面：①将SPAD仪诊断叶片氮含量应用在不同的作物上，包括冬小麦、茶树、马铃薯、花椰菜等作物，结果表明植物氮素水平与SPAD值均有很好的相关关系（Arregui等，2006；Yang等，2008；刘艳春和樊明寿，2012；Vidigal等，2018）。②明确利用SPAD仪进行作物氮素营养诊断的最佳生育时期（张宪，2003）。有学者研究结果表明，借助SPAD仪对黄瓜进行氮素营养诊断的最佳生育时期是开花期，该时期SPAD值能较好地反映氮素水平（张延丽等，2009）。③确定进行SPAD仪测定的目标叶片以及叶片的部位（武新岩等，2011；王秋红等，2015；Dunn 等，2018）。大多的研究在作物生长前期利用 SPAD 仪测定时选取第一片完全展开叶片，在生长中后期选择功能叶作为测定叶片。有研究表明植物不同叶片的 SPAD 值存在差异，而在同一片叶片不同部位的测定值也不相同（Chapman 和 Barreto，1997）。Li 等（2012）探究了马铃薯不同层位的叶片以及单叶和复叶的 SPAD 值与叶片氮含量的相关性，结果表明在块茎膨大阶段，顶部小叶或第一侧叶的 SPAD 值与叶片氮浓度的相关系数大于第 2 侧叶的，第 4 复叶的相关系数高于其他叶片的。洪娟等（2010）分析并确定了不同时期的最佳诊断叶片，分别是在苗期选择上部叶、在伸蔓期选择下部叶。④ SPAD 值与作物其他生长指标的关系（Zhou 和 Yin，2017）。

在现代作物营养监测手段中，采用叶绿素仪来进行氮素监测最为普遍，常用的叶绿素仪如 SPAD-502 手持叶绿素仪，使用双波长（红光波长 650 nm 和近红外波长 940 nm）LED 光源，通过计算这 2 种波长的密度比值，并对比有无待测样品时光密度的差异来计算得到 SPAD 值，因为 SPAD 值和供测样品中叶绿素含量呈正相关，可进一步推测植株的氮素营养状况（李志宏等，2006）。由于叶绿素仪具有快速、简便、无损等检测特点，其在作物养分快速监测领域的运用已经取得了较好的结果。在利用 SPAD 对烟草的养分监测方面，也有一些学者做过相关研究，在叶绿素、叶片全氮含量定量监测中均具有较好的运用成果（李春俭等，2007）。边立丽等（2022）通过研究发现烤烟叶片的 SPAD 值与叶片氮含量有较好的相关关系，因此可以利用 SPAD 值作为氮素营养诊断的指标。但前人研究主要集中在对烟草特定生育期的 SPAD 值建立诊断标准，而烟草追肥时间往往超过试验研究的特定生育期，因此，无法对合理产量的适宜施氮量进行计算。不同烟草生育期 SPAD 值存在差异，建立烟草追肥阶段的 SPAD 诊断指标，才能真正做到依据 SPAD 值进行烟草营养诊断，从而优化烟草追肥策略。先前的相关报道中，也没有将肥料和烟叶的收支成本纳入考虑，导致研究结果在生产实践中难以运用。

二、数字图像技术诊断

近年来，随着数码相机的普及和手机像素大幅度提升，数字图像的获取越来越便捷，在植物氮肥诊断方面的应用也越来越广泛。丁永军等（2012）利用图像分析技术研究了温室番茄营养元素含量和图像特征的相关性，并快速、准确地估测了番茄营养水平和生长状况。李岚涛等（2015）通过应用数码相机监测不同生育期的水稻冠层图像，建立了色彩参数 NRI 与水稻氮营养指标之间的相关性，确立了水稻氮营养诊断的最佳色彩参数及模型。贾良良等（2009）应用数码相机技术对水稻氮营养进行了诊断，研究结果表明：水稻植株氮含量、生物量和地上部分吸氮量与数字图像红光值、绿光值和红光标准化值等均表现出负相关关系，而与绿光标准化值则表现出显著正相关关系。孙钦平等（2010）应用数字图像技术对施用有机肥的玉米氮营养诊断进行研究，研究结果表明：绿光值 GI、红光值 RI 都与玉米叶片的 SPAD 值、地上部生物量和地上部吸氮量有着显著或极显著的线性相关性，红光值 RI 能较好地反映玉米氮营养状况。王晓静、王娟等（2007；2008）为了探索图像色彩与棉花氮营养之间的关系，分析了不同氮处理下的棉花冠层图像参数，并与产量建立了相关性关系。可以较为灵敏地反映棉花氮素营养水平，适宜作为氮素营养诊断指标。在马铃薯上，李井会等（2006）分析了数码图像与马铃薯叶片含氮量、叶柄硝酸盐浓度和叶绿素仪读数的关系，认为利用数码相机监测马铃薯氮素营养状况具有良好的发展前景。蔡鸿昌等（2006）通过数码相机获取黄瓜叶片图像，并利用图像处理技术提取叶片的颜色特征，建立了黄瓜初花期叶片光合色素含量之间的估算模型，通过该模型可以估算黄瓜叶绿素含量及类胡萝卜素含量。钟思荣等（2017）发现，数字图像技术能够准确评价烟草的氮素营养状况，且在不同品种的烤烟间依然能适用。虽然数字图像技术在诊断植物氮营养上有诸多便利之处，但需要剔除照片中的阴影及非冠层区域，这就要求在获取图形时要选择晴朗无风、光照稳定的天气，否则不同取样时期的测量结果差别极大。图像背景干扰，图像采集的标准不规范，图像处理基础知识不足，缺乏统一的作物营养图库及特征库，这些都制约着数字图像技术的推广。

三、高光谱遥感技术诊断

高光谱遥感在获取信息方面具有强大的功能，其分辨率高、连续采样、能够选择对特定作物变量敏感的窄波段。近年来，大量的研究探索利用光谱技术诊断氮素营养的可能性，寻找估测氮素营养的关键波段（敏感波段），建立基于光谱信息的氮素营养诊断模型。在农业生产实际应用中，利用高光谱遥感采集信息时会受到多种因素的影响，例如光照、作物类型、生长环境、土壤背景等。为了消除外界环境因素对于光谱信息的干扰，通常会对原始光谱数据进行形式变换（薛利红，2003），包括单波段或窄波段的变换，数学变换（微分变换、对数变换、植被指数等）；利用光谱位置（红边或蓝边等）的变换（蓝边参数、红边参数、绿峰参数等）；利用光谱面积（蓝边面积、红边面积、红谷面积等）等。利用光谱处理技术不但可以增强植物叶片的光谱响应特征和减低数据冗余，还能够减少其他外界因素的干扰（El-shikha等，2008）。

王克如等（2011）研究结果表明在不同生育期棉花的敏感波段不同，利用敏感波段可以建立棉花的氮素营养诊断模型。光谱指数已被证明可用于量化各种植物参数，包括许多生化成分，光谱指数通常是由几个关系式所形成的光谱信息。利用光谱指数进行高光谱营养诊断时，同一作物不同生育时期的最佳光谱植被指数不同。宋红燕等（2016）利用高光谱技术诊断水稻植株氮含量的研究表明，水稻拔节期的最佳光谱指数是GNDVI，而抽穗期的最佳光谱指数为RVI-2。基于高光谱技术的氮素反演能力随作物的不同生育时期而不同。Rajeev等（2012）等探究了不同光谱指数定量评估小麦氮胁迫的能力，研究结果表明，光谱指数与小麦叶片氮含量的最高相关系数出现在孕穗期，估算叶片氮含量（LNC）最佳的5种指数分别是GNDVI、NDCI、ND705、比值指数和Vogelman指数。

利用高光谱仪测定植株叶片时，测定不同层位的叶片所得到的光谱信息也不同。有学者根据冬小麦、水稻叶片叶位或叶序进行分层研究作物的光谱响应（谭昌伟等，2008；王仁红等，2014）。金梁等（2013）在玉米上的分层研究结果表明不同时期进行氮素营养诊断的最佳光谱指数不同，也指出了上层叶（生育前期为第一片展开叶，中后期为穗位叶）下的第三叶作为目标叶片来进行氮素营养诊断的效果较好。利用单变量的诊断模型可以获得光谱的敏感波段，但在生产实践应用中容易受植物品种、生育期、生长环境的影响，其反演精度存在不稳定性和普适性较差的问题。

无人机遥感具有方便灵活、使用成本低、响应快速、厘米级数据获取等优点，随着无人机（unmanned aerial vehicle，UAV）技术在农业领域广泛应用，使用无人机遥感（unmanned aerial vehicle remote sensing，UAVRS）对农作物进行大规模的氮素营养监测成为热点和趋势。孙志伟等（2021）将无人机图像技术应用在烤烟氮素诊断上，通过无人机冠层图像分析确定了氮素营养诊断最佳的生育期为旺长后期。并发现 NRI、G/R 和 ExG 指标与营养指标相关性达到极显著水平，证明在烤烟中通过无人机数字图像指标来预测营养指标的状况成为可能。

烟草生育期间有规律地按比例吸收各种营养元素。各种营养元素对烟草的生长发育所起到的生理作用，既必不可少又互相不可代替。因此在实际烟草栽培过程中必须要做到及时诊断烟草营养状况，精准施肥、按需施肥，使各种营养元素之间比例协调，互相增进肥效，不仅有利于烤烟的优质适产，同时对于生态、环境及经济都具有重要的意义。

参考文献

边立丽，艾栋，陈玉蓝，等，2022. 基于 SPAD 值的烤烟氮素营养诊断研究 [J]. 中国土壤与肥料 (5):177-183.

蔡鸿昌，崔海信，宋卫堂，等，2006. 黄瓜初花期叶片光合色素含量与颜色特征的初步研究 [J]. 农业工程学报，22(9):34-38.

陈新平，李志宏，王兴仁，等，1999. 土壤、植株快速测试推荐施肥技术体系的建立与应用 [J]. 土壤肥料 (2):6-10.

丁永军，李民赞，孙红，等，2012. 基于多光谱图像技术的番茄营养素诊断模型 [J]. 农业工程学报，28(8):175-180.

冯伟，王永华，谢迎新，等，2008. 作物氮素诊断技术的研究综述 [J]. 中国农学通报 (11):179-185.

郭建华，赵春江，王秀，等，2008. 作物氮素营养诊断方法的研究现状及进展 [J]. 中国土壤与肥料 (4):10-14.

洪娟，陈钢，张利红，等，2010. 应用叶绿素仪诊断西瓜氮营养状况的研究 [J]. 长江蔬菜 (8):82-85.

贾良良，陈新平，张福锁，2007. 叶绿素仪与植株硝酸盐浓度测试对冬小麦氮营养诊断准确性的比较研究 [J]. 华北农学报，22(6):157-160.

贾良良，范明生，张福锁，等，2009. 应用数码相机进行水稻氮营养诊断 [J]. 光谱学与光谱分析，29(8):2176-2179.

姜远茂，2001. 红富士苹果矿质营养特性及营养诊断与施肥研究 [D]. 北京：中国农业大学.

焦雯珺，闵庆文，林焜，等，2006. 植物氮素营养诊断的进展与展望 [J]. 中国农学通报 (12):351-355.

金继运，白由路，杨俐苹，2006. 高效土壤养分测试技术与设备 [M]. 北京：中国农业出版社.

金梁，胡克林，田明明，等，2013. 夏玉米叶片分层氮素营养的高光谱诊断 [J]. 光谱学与光谱分析，33(4):1032-1037.

李春俭，张福锁，李文卿，等，2007. 我国烤烟生产中的氮素管理及其与烟叶品质的关系 [J]. 植物营养与肥料学报，13(2):331-337.

李佛琳，2006. 基于光谱的烟草生长与品质监测研究 [D]. 南京：南京农业大学.

李井会，朱丽丽，宋述尧，2006. 数字图像技术在马铃薯氮素营养诊断中的应用 [J]. 中国马铃薯，20(5):257-260.

李岚涛，张萌，任涛，等，2015. 应用数字图像技术进行水稻氮素营养诊断 [J]. 植物营养与肥料学报，21(1):259-268.

李志宏，刘宏斌，张云贵，2006. 叶绿素仪在氮肥推荐中的应用研究进展 [J]. 植物营养与肥料学报，12(1):125-132.

李志宏，张云贵，刘宏斌，等，2005. 叶绿素仪在夏玉米氮营养诊断中的应用 [J]. 植物营养与肥料学报，11(6):764-768.

刘艳春，樊明寿，2012. 应用叶绿素仪 SPAD-502 进行马铃薯氮素营养诊断的可行性 [J]. 中国马铃薯 (1):45-48.

鲁如坤，2000. 土壤农业化学分析方法 [M]. 北京：中国农业科技出版社.

南京农业大学,1992. 土壤农化分析[M]. 北京：农业出版社.

宋红燕,胡克林,彭希,2016. 基于高光谱技术的覆膜旱作水稻植株氮含量及籽粒产量估算[J]. 中国农业大学学报,21(8):27-34.

孙钦平,李吉进,邹国元,等,2010. 应用数字图像技术对有机肥施用后玉米氮营养诊断研究[J]. 光谱学与光谱分析,30(9):2447-2450.

孙志伟,王晓琳,张启明,等,2021. 基于无人机可见光谱平台的烤烟氮素营养诊断[J]. 光谱学与光谱分析,41(2):586-591.

谭昌伟,周清波,齐腊,等,2008. 水稻氮素营养高光谱遥感诊断模型[J]. 应用生态学报,19(6):1261-1268.

陶勤南,方萍,吴良欢,等,1990. 水稻氮素营养的叶色诊断研究[J]. 土壤,22(4):190-193.

王娟,雷咏雯,张永帅,等,2008. 应用数字图像分析技术进行棉花氮素营养诊断的研究[J]. 中国生态农业学报,16(1):145-149.

王克如,潘文超,李少昆,等,2011. 不同施氮量棉花冠层高光谱特征研究[J]. 光谱学与光谱分析,31(7):1868-1872.

王秋红,周建朝,王孝纯,2015. 采用SPAD仪进行甜菜氮素营养诊断技术研究[J]. 中国农学报,31(36):92-98.

王仁红,宋晓宇,李振海,等,2014. 基于高光谱的冬小麦氮素营养指数估测[J]. 农业工程学报,30(19):191-198.

王晓静,张炎,李磐,等,2007. 地面数字图像技术在棉花氮素营养诊断中的初步研究[J]. 棉花学报,19(2):106-113.

武新岩,郭建华,张毅功,等,2011. 无损测技术在番茄营养诊断中的应用研究[J]. 北方园艺(11):4-7.

薛利红,罗卫红,曹卫星,等,2003. 作物水分和氮素光谱诊断研究进展[J]. 遥感学报,7(1):73-80.

杨邦杰,裴志远,1999. 农作物长势的定义与遥感监测[J]. 农业工程学报(3):214-218.

杨张青,胡建东,段铁城,等,2019. 植株叶绿素无损诊断技术研究进展[J]. 中国农学通报(7):139-144.

张金恒,王珂,王人潮,等,2003. 叶绿素计SPAD-502在水稻氮素营养诊断中的应用. 西北农林科技大学学报（自然科学版）,31(2):177-180.

张宪,2003. 不同氮素运筹下专用小麦氮素利用特性及诊断指标的研究[D]. 南京：南京农业大学.

张延丽,田吉林,翟丙年,等,2009. 不同施氮水平下黄瓜叶片SPAD值与硝态氮含量及硝酸还原酶活性的关系[J]. 西北农林科技大学学报（自然科学版）,37(1):189-193.

钟思荣,龚思雨,陈仁霄,等,2017. 基于数字图像技术的烟草氮素营养诊断研究. 江西农业

大学学报 (6):1104-1111.

朱新开，盛海君，顾晶，等，2005. 应用 SPAD 值预测小麦叶片叶绿素和氮含量的初步研究 [J]. 麦类作物学报 (2):46-50.

Arregui L M, Lasa B, Lafarga A, et al., 2006. Evaluation of chlorophyll meters as tools for N fertilization in winter wheat under humid Mediterranean conditions[J]. European Journal of Agronomy, 24(2): 140-148.

Balasubramanian V, Morales A C, Cruz R T, et al., 1998. On-farm adaptation of knowledge-intensive nitrogen management technologies for rice systems[J]. Nutrient Cycling in Agroecosystems, 53(1): 59-69.

Chang S X, Robison D J, 2003. Nondestructive and rapid estimation of hardwood foliar nitrogen status using the SPAD-502 chlorophyll meter[J]. Forest Ecology and Management, 181(3): 331-338.

Chapman S C, Barreto H J, 1997. Using a chlorophyll meter to estimate specific leaf nitrogen of tropical maize during vegetative growth[J]. Agronomy Journal, 89(4): 557-562.

Chubachi T, Asano I, Oikawa T, 1986. The diagnosis of nitrogen nutrition of rice plants (Sasanishiki) using chlorophyll meter[J]. Japanese Journal of Soil Science and Plant Nutrition, 57: 190-193.

Dunn B L, Singh H, Payton M, et al., 2018. Effects of nitrogen, phosphorus, and potassium on SPAD-502 and at leaf sensor readings of Salvia[J]. Journal of Plant Nutrition, 41(13): 1674-1683.

El-shikha D M, Barnes E M, Clarke T R, et al., 2008. Remote sensing of cotton nitrogen status using the Canopy Chlorophyl Content Index (CCCI)[J]. American Society of Agricultural and Biological Engineers, 51(1): 73-82.

Evans J R, Seemann J R, 1984. Differences between wheat genotypes in specific activity of Ribulose-1,5-bisphosphate carboxylase and the relationship to photosynthesis[J]. Plant physiology, 74: 759-765.

Li L, Qin Y, Liu Y, et al., 2012. Leaf positions of potato suitable for determination of nitrogen content with a spad meter[J]. Plant Production Science, 15(4): 317-322.

Mehlich A, 1984. Mehlich 3 soil test extractant: A modification of mehlich 2 extractant[J]. Communications in Soil Science and Plant Analysis, 15(12): 1409-1416.

Netto A T, Campostrini E, Oliveira J G, et al., 2005. Photosynthetic pigments, nitrogen, chlorophyll a fluorescence and spad-502 readings in coffee leaves[J]. Scientla Horticulturae, 104(2): 199-209.

Papastylianou I, Puckridge D W, 1983. Stem nitrate nitrogen and yield of wheat in a permanent rotation experiment[J]. Australian Journal of Agricultural Research, 34(6): 599-606.

Peng S B, Garcia F V, Laza R C, et al., 1993. Adjustment for specific leaf weight improves chlorophyll meter's estimate of rice leaf nitrogen concentration[J]. Agronomy Journal, 85: 987-990.

Piekielek W P, Fox R H, 1992. Use of a chlorophyll meter to predict side-dress nitrogen requirement for maize[J]. Agronomy Journal, 84: 59-65.

Rajeev R, Usha K C, Rabi N S, et al., 2012. Assessment of plant nitrogen stress in wheat (*Triticum aestivum* L.) through hyperspectral indices[J]. International Journal of Remote Sensing, 33(20): 6342-6360.

Vidigal S M, Lopes Iza Paula de Carvalho, Puiatti M, et al., 2018. SPAD index in the diagnosis of

Yang Y Y, Ma L F, Shi Y Z, 2008. Evaluation of nitrogen status in tea plants by SPAD[J]. Journal of Tea Science, 28(4): 301-308.

Zhou G, Yin X, 2017. Assessing nitrogen nutritional status, biomass and yield of cotton with ndvi, spad and petiole sap nitrate concentration[J]. Experimental Agriculture, 54(4): 531-548.

第五章

烟草科学
合理施肥

烟草以及其他农作物生产中的施肥不是随心所欲的，肥料不是施用越多越好。肥料施用的时间、空间、种类、方式、用量等具体措施需要根据具体的作物、环境、种植方式、耕作制度等客观因素作适应的调整。先辈们经过数百年对农事规律的总结与积累，形成了科学的施肥基础理论体系。这里对烟草生产中的科学施肥理论基础、原则和施肥技术进行集中概述，并简单介绍几种肥料用量的常用确定方法。

第一节 烟草施肥理论基础

一、矿质营养学说

植物营养学与肥料学鼻祖，德国土壤化学家李比希（Liebig）在1840年伦敦召开的英国有机化学学会上发表了题为《化学在农业和生理学上的应用》的著名论文，提出了植物矿质营养学说。即矿物质是营养植物的基本成分，进入植物体内的矿物质为植物生长和形成产量提供了必需的营养物质，植物种类不同，对营养的需要量也不同，需要量的多少可通过测定营养正常的植物的组成来确定。该学说是肥料学的理论基础，明确了肥料的基础成分（张夫道，1986）。

二、最小养分律

最小养分律是指植物的生长受相对含量最少的养分所支配的定律，也称植物营养的木桶效应（金耀青，1982）。1843年，李比希提出了“最小养分律”，即作物产量主要受土壤中相对含量最少的养分所控制，作物产量的高低主要取决于最小养分补充的程度，最小养分是限制作物产量的主要因子，如不补充最小养分，其他养分投入再多也无法提高作物产量（图5-1）。例如，氮供给不充足时，即使多施磷和其他肥料，作物产量仍不会增加。

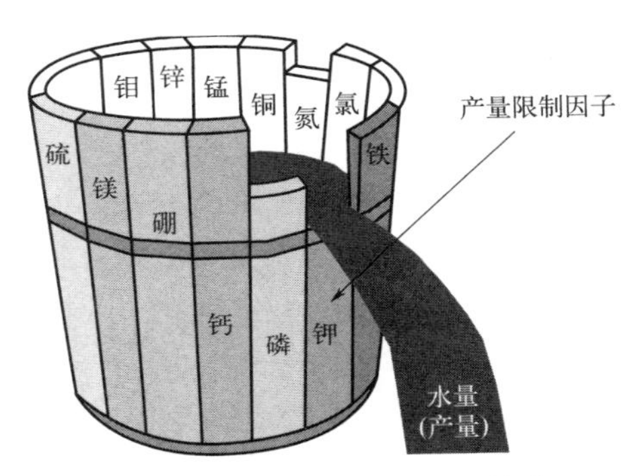

图 5-1　植物营养的木桶效应

沃尔尼（Wolfer）发展了李比希的最小养分率，认为除了养分外，关系各种植物生长和产量的光、温、水等因子中，假如有一种不足，其他因子再充足，作物的产量仍然受该因子的限制，只有改善这一环境因子，作物产量才可提高。将限制因素从单纯的养分种类扩大到影响植物生长的所有影响因素，称限制因子律。

在实际生产中运用最小养分律需要注意其内涵：最小养分系指环境中相对于植物需求而言最缺少的养分，并非植物体内或环境中含量最少的养分；最小养分与非最小养分间的关系并非固定不变，在一定条件（如施肥）下可以相互转化；如增施非最小养分（盲目施肥）不仅不能提高作物产量，反会造成肥料浪费及环境污染。

三、报酬递减律

在最小养分律的基础上，李比希还建立了描述产量与最小养分因子之间的数学关系公式，即著名的米采利希（Mitscherlich）方程（图5-2）。该方程表现出在仅增加某种养分的供应时，增加单位量的养分所增加的产量与该种养分供应充足达到的最高产量与现在产量之差呈反比。即养分施用量愈多，产量的增量愈为减少。增加某种养分的增产效果，以其最不足时效果最大，随着该养分的施肥量增加，增产效果将逐渐降低。这一理论学说又被称为养分报酬递减律学说。报酬递减律是指在其他技术条件相对稳定的情况下，在一定施肥量范围内，作物产量随着施肥量的增加而增加，但施肥量达过一定限度，单位施肥量的增产量却呈递减趋势，超过后将不再增产，甚至造成减产。

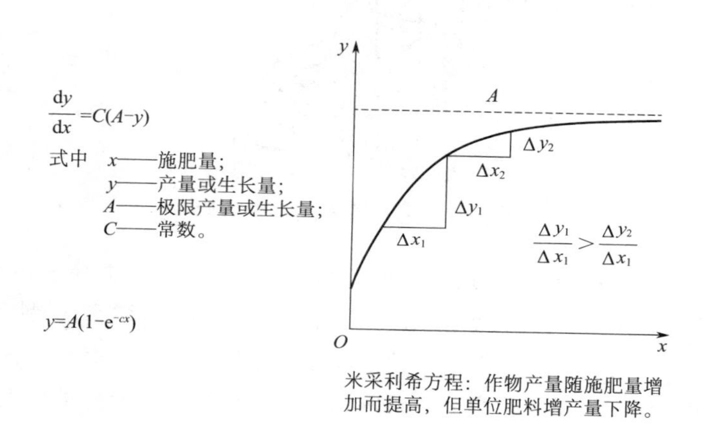

图 5-2 米采利希方程

需要注意报酬递减现象是在其他技术不变的条件下产生的，全面改善生产技术条件可以克服该现象，但由于在特定的生产阶段同时改善技术条件是很困难的，因而该现象又是不可避免的。

报酬递减律在生产中最大的体现就是肥料不是施越多越好，肥料施用过多会增加成本，可能造成环境污染，在烟草移栽初期基肥与种肥过量易导致肥害烧苗，影响产量，误工误时。

四、养分归还学说

在矿质营养学说的基础上，李比希提出伴随着作物的收获，作物从土壤带走养分，土壤中的养分必将越来越少。因此，要恢复地力就应该向土壤施加养分，补偿从土壤中丢失的全部养分，不然产量就会下降。该学说从底层逻辑阐明了施肥的必要性，此外，在生产中该

学说的另一重要体现是秸秆还田的作用。该学说包括以下三个方面的内涵:

① 随着作物的每次收获，必然要从土壤中带走一定量的养分，随着收获次数的增加，土壤中的养分含量会越来越少;

② 若不及时归还作物从土壤中取走的养分，不仅土壤肥力逐渐下降，而且产量也会越来越低;

③ 为了保持元素平衡和提高产量应该向土壤施入肥料。

五、同等重要律

同等重要律的内容为：植物的必需营养元素含量虽然悬殊，但具有同等重要的作用。如碳、氢、氧、氮、磷、钾、硫等元素是组成碳水化合物的基本元素，是脂肪、蛋白质和核蛋白的成分，也是构成植物体的基本物质；铁、镁、锰、铜、钼、硼等元素是构成各种酶的成分；钾、钙、氯等元素是维持植物生命活动所必需的条件。这些元素在植物生长发育中是同等重要的。

需要理解的是，同等重要指的是不同营养元素种类功能的同等重要性，而不要误解为不同种类肥料同样的施肥量具有同样的增产效果。

六、不可替代律

不可替代律的内涵是：作物需要的各种必需营养元素，在作物体内均有其特殊的作用，相互之间不能替代。如，钾的化学性质和钠相近，离子大小和铵相近，在一般化学反应上能用钠来代替钾，在矿物结晶上铵能占据钾的位置，但在植物营养上钠和铵都不能代替钾的作用。

生产中的体现同上，即每种营养元素各自存在各自的必需功能，某种营养元素的缺乏引起的减产是无法通过补施其他营养元素来补偿的。

七、因子综合作用律

因子综合作用律是指作物的产量受多种因子综合影响。外因如水分、养分、温度、光照、空气、耕作条件、管理等；内因如作物品种。

烟草的施肥应当利用因子间的交互效应提高肥效，注意施肥与气候、土壤、栽培、植保、品种、灌溉等措施配合，保证水、肥、气、热等因子的综合协调。

第二节 烟草合理施肥原则

一、养分平衡原则

1. 氮素营养平衡

实际生产中要注意氮素营养平衡。一方面要合理控制氮素施用量。如果施氮少，氮素供应不足，烟株营养不良，烤出的烟叶多为平滑叶，产量低，品质差；施氮过多，烟株氮素营养过剩，烟株成熟延迟，叶片不能正常成熟，烤出的烟叶多为棕褐色，烟碱含量过高，淀粉和糖量又过低，虽然产量高，但品质很低。随施氮量的增加，烟株的株型发生变化，为塔型→筒型→倒塔型；烟株养分积累不平衡，总糖含量降低，总氮和烟碱含量增加在一定范围内，施氮量对烤烟产量、产值的影响是主要因素，留叶数、种植密度是次要因素。在一定范围内提高施氮量能增加烟叶产量、提高烟叶等级，但施氮量超过一定限度则会使烟叶的质量明显下降。

另一方面要合理分配硝态氮肥、铵态氮肥和酰胺态氮肥的分配比。要注意的是：NH_4^+ 多在根中同化为氨基酸，后运往地上部；NO_3^- 可以直接运到地上部，也可根中同化为氨基酸后运输；NO_3^- 氮源促进阳离子吸收，NH_4^+ 氮源促进阴离子吸收；葡萄糖和蔗糖显著积累；NH_4^+ 比例过高会引起氨中毒，烟草生长和烟叶质量下降；硝态氮应占总施氮量的 40% ～ 60%。

2. 氮磷钾均衡

烟草施肥也要遵循氮磷钾均衡的原则，要求烟草氮素营养“前期足而不过，后期少而不缺”，保证烟棵“发得起、控得住、退得下”，满足“少时富，老来贫，烟株长成肥退劲”的动态需求；磷素营养“不多”，土壤含有效磷达 20 mg/kg 的烟田可隔年施磷，北方烟田应尽量减少肥料中钙的施入；钾肥营养应“充足供应”。肥料品种的选择基于肥料养分配比、形态、水溶性、酸碱性和副成分，烟草生产中氮磷钾的常见施肥比例为 1 ∶ 1 ∶ 3。

3. 大、中、微量营养元素平衡

烟草生长发育必需的营养元素包括碳、氢、氧、氮、磷、钾 6 种大量元素，钙、镁、硫 3 种中量元素，以及铁、锰、锌、铜、钼、硼、氯、镍 8 种微量元素，这些元素之间存在着平衡的比例关系。平衡施肥应注重元素的种类齐全和配比均衡。优质烟叶的生长发育不仅需要氮、磷、钾等大量元素，而且对中微量元素的需求也同等重要，缺一不可。因此，烟草的完全、均衡营养是提高烟叶品质的关键，施肥为烟草提供养分的数量、养分间的比例和养分供应的强度，应符合烟株生长发育和品质形成的要求。生产中常出现的一个问题是施肥时对中微量元素的忽视，根据实际产区调研经验，大多数烟田在现有基础上应做到“增钾、镁，控钙、硫，降氯，配微”；中高肥力烟田应做到“控氮，调磷”；中低肥力烟田应“稳氮，增磷”。微量元素可采取苗期施用和大田期叶面喷施，原则上不提倡在烟草专用复合肥和混配肥中加入微量、中量元素。

4. 有机肥与无机肥的均衡

有机肥料富含多种有机、无机营养。且除为烟株提供各种养分外，还能改善烟株根系活动层土壤的物理性状。对根系生长和保持根系活性及土壤持续供氮的作用是无机肥所不能代替的。在生产过程中有机肥和化肥配合施用有利于烤烟根系生长，使烟株生长健壮，提高抗病力。使烟株生长前、中、后期的养分平衡供应，既可满足旺长期对养分的最大需用量，又可防止后期供氮水平过低，以利于烟株正常生长发育，并能协调烟叶中氮磷钾营养的分配比例，提高叶片中磷钾的分配比例，提高中上等烟比例，提高均价，提高上部烟叶钾的含量，有利于提高烟叶品质，增加经济效益。

我国烟田存在的一个普遍问题是土壤有机质含量偏低，所以在烟草施肥中，应注意有机肥的施用和秸秆还田。

烟草施用有机肥时应注意以下几点：

① 保证适宜的供应量。适当施用有机肥料，用地、养地相结合，以维持土壤肥力。

② 有机肥应在整地时作底肥及早施入，不能太多，否则会导致供氮过量肥效滞后，影响烟叶正常成熟采收。一般有机肥氮素占总氮量的 1/3 ～ 1/2 为宜。

③ 厩肥等应充分腐熟、淋失盐离子。厩肥等有机肥氯离子含量和卫生条件要符合有关要求，切忌施用未腐熟的生粪，最好施用高温堆肥。按氯离子上限确定施入量，一般情况每公顷施用 10 ～ 20 t。

④ 绿肥以禾本科植物为主，禾本科是烟草最适宜的前茬。

⑤ 合理使用饼肥。饼肥是烤烟的优质肥料，土壤温度和水分适宜时，施后 7 ～ 10 d 开始释放养分，15 d 左右达到养分释放高峰，并能持续供肥。应粉碎腐熟后使用，粉碎得越细，养分释放越快，烟株对其吸收利用率越高。

5. 基肥与追肥的平衡

烟草生产中的基肥与追肥环节应当重视，尤其是施肥种类和施肥量的侧重，基本关系是：基肥为主，追肥为辅，基肥要足，追肥要早，因地制宜，灵活掌握。土质较黏重及肥沃的田块，土壤持续供肥力强，控制施氮量，以基肥为主，少追或不追肥；土质疏松、保肥力差的砂土地或肥力较低的田块，持续供肥力差，后劲小，生育后期供氮水平往往达不到要求，采用基肥与追肥相结合的方法，可以调节施肥总量，促使烟株生长一致。我国多数烟区土壤缺钾，部分缺磷，一定要加以补充。特别是前作和当季施氮水平较高的烟区，增施磷、钾肥尤其重要。烟草生长对磷素需求量不高，且整个生育期中无明显吸磷高峰期，故基施全部磷肥、70% 的氮肥和 50% ～ 60% 的钾肥。雨水较多地区和南方烟区，肥料流失严重，应适当减少基肥比重，增加追肥比重和次数，适当延长追肥期（宜在移栽后 40 d 内追施）。烟草专用肥一般用过磷酸钙做磷源，但过量施用会对烟草品质带来不利影响，所以在满足磷素需求量的基础上应注意控制施用量，特别是在前茬施磷较高的烟田应适当降低。

二、因土施肥原则

土壤能为植物生长发育提供营养元素，但不同区域土壤由成土母质差异等造成营养元素供给能力、养分利用率不同。施肥一个重要的原则就是要“因地制宜”，根据当地土壤养分测定的结果和烟株营养需求规律，制定适合本区域的施肥方案，才能保证烟株的正常营养供给，进而提高烟叶质量。

其一是参照土壤养分含量，测得土壤中氮素亏缺就加大氮素用量，微量元素缺失就要选用富含微量元素的肥料。其二是参照土壤类型特点施肥，例如棕壤普遍有缺失有效钙镁的特点，因此棕壤烟田要注意施用富含钙镁的肥料。其三是参照土壤质地施肥，不同土壤质地理化性质不同，对于养分的有效性和速效性有较大影响。如黏土需要追肥 10% ～ 20%；壤土和砂壤土追肥 20% ～ 30%；砂土追肥 30% ～ 40%。砂土壤增施有机肥料。黏土施用有机肥料时必须充分腐熟，施肥更靠根部。其四是参照土壤酸碱度施肥，土壤酸碱度对不同种类和形态的肥料有效性有较大影响。例如 pH 较大时施用铵态氮肥易生成氨气挥发，pH 较小时施用硝态氮肥又容易引起淋洗流失。

三、其他原则

① 品种差异原则：由于不同品种的养分吸收与需求特性不同，根系的生长与吸收特性不同，对土壤和肥料养分吸收利用能力的差异，

在制定平衡施肥方案时应充分考虑不同品种的养分需求特性差异。特别是对于种植品种较多的产区，除根据品种特性相关资料确定外，可在规模种植前开展多点小面积田间试验对品种需肥特性进行验证。

② 品质最优原则：对于具有不同优势的施肥方案，倾向于选择品质最优的施肥方案施肥。

③ 需求契合原则：以烟株对营养元素需求为依据，要充分考虑烟株进入旺长期完成生长发育需要大量营养元素、进入成熟期后对营养元素特别是对氮素需求的减弱等规律，突出“速效长效结合”“养分供给与需求时间契合”等要求。

④ 气候匹配原则：气候条件特别是降雨量和气温对土壤养分的供给具有很大的影响。降雨量大，地表径流和淋洗作用增强，肥料损失相应变大，同时降雨量大一般伴随气温降低、肥料的利用率降低，这种气候条件下要相应加大施肥量，特别是氮肥投入要适当增加。极端温度影响脲酶抑制剂和硝化抑制剂的活性，对缓控释肥的缓效控效性有干扰，降水过大易引起水溶态肥料流失浪费，降水过少（干旱）易引起铵氮挥发等。

⑤ 最大效益原则：施肥方案的理想方向应当是投入最少的肥料获得最高的产量和最优的品质，要实施面向作物产质量和环境双赢的氮肥施用策略。

总而言之，烟草施肥要遵循优质、适产、高效、环保、培肥的十字方针。

第三节
烟草肥料用量的确定

确定肥料用量有多种方法，包括用了数千年的经验施肥法和近代以来建立在科学理论基础上的测土配方法。测土配方法是一类参考测定的土壤养分测定值计算土壤供肥量的方法。通常应用的测土施肥法是对养分归还学说的运用。通过测定土壤有效养分含量，根据优质适产条件下烟草所吸收养分的总量，再由肥料利用率折算出需要的肥料总量减去土壤供肥量，即为计划用肥量，按需施肥。

广义的测土配方施肥方法归纳起来有三大类六种方法：第一类是地力分区法；第二类是目标产量法，包括养分平衡法和地力差减法；第三类是田间试验法，包括肥料效应函数法、养分丰缺指标法、氮磷钾比例法。

一、经验施肥法

经验施肥法就是依据多年的实践经验来估算施肥量，是凭借烟农和生产技术人员的经验，结合田间试验和烟草施肥实践，根据前作的产量水平、今年的土壤理化特性、气候、栽种品种等因素估测出烟田土壤肥力状况，再根据烟草的目标产量等综合指标进行施肥量的估算。

二、地力分区配方法

地力分区配方法利用土壤普查、耕地地力调查和当地田间试验资料，把土壤按肥力高低分成若干等级，或划出一个肥力均等的田片，作为一个配方区，再应用资料和田间试验成果，结合当地的实践经验，估算出这一配方区内比较适宜的肥料种类及其施用量。这一方法本质上是经验施肥法的精细化改良版。优点是较为简便，提出的肥料用量和措施接近当地的经验，群众易接受。缺点是局限性较大，每种配方只能适用于生产水平差异较小的地区，而且较多依赖一般经验，对具体田块来说针对性不强。

三、营养诊断法

营养诊断法是根据上茬和本茬植物生长外观特征判断元素的丰缺，从而确定施肥量的方法。通常所说的营养诊断是针对植物叶片直接进行的。营养诊断是一种较为理想的方法，所获得的数据较为准确。生产中常用的具体方法包括直接观测叶片农艺形态的缺素诊断；利用高光谱仪进行的光谱诊断和利用化学试剂/仪器进行的化学分析。得到诊断结果以后根据缺什么补什么的原则进行增补施肥。

常见的缺素症状如下:

缺硼（B）: 叶芽没有颜色，花而不实，落花落果。缺硫（S）: 呈淡绿或黄绿色，一般没有斑点。缺锰（Mn）: 脉间褪绿黄化，有网状脉纹，新叶黄化。缺锌（Zn）: 叶脉间失绿，出现黑色斑点。缺镁（Mg）: 叶片边缘开始失绿，中下部叶片板状黄化。缺磷（P）: 叶片紫红色，叶片瘦小，严重时枯萎死亡。缺钙（Ca）: 植物暗绿色，嫩叶发白，从顶端开始干枯死亡。缺铁（Fe）: 老叶绿色，嫩叶发黄，叶脉呈绿色。缺铜（Cu）: 叶脉白色，叶片发黄、下垂、凋落。缺钼（Mo）: 叶片淡绿色、柠檬黄或黄色，叶脉白色，叶片上有斑点。缺钾（K）: 老叶边缘黄化、焦枯，部分叶片皱缩。缺氮（N）: 老叶黄化或呈淡绿色，植株瘦弱矮小（李春俭，2008）。

四、目标产量法

目标产量法是根据作物产量的构成，由土壤本身和施肥两个方面供给养分的原理来计算肥料的用量。先确定目标产量，以及为达到这个产量所需要的养分量，再计算作物除土壤所供给的养分外，需要补充的养分量，最后确定施用多少肥料。包括养分平衡法和地力差减法。

1. 养分平衡法

养分平衡法以作物与土壤间的供求平衡为基础，以土壤养分测试为依托来确定施肥量。其计算公式为：施肥量（kg/亩）=（作物单位产量养分吸收量×目标产量－土壤测定值×换算系数）/（肥料养分含量×肥料利用率）。

2. 地力差减法

地力差减法以作物的目标产量与基础产量之差来计算施肥量。其计算公式为：施肥量（kg/亩）=（目标产量－基础产量）×作物单位经济产量养分吸收量/（肥料中养分含量×肥料当季利用率）。

五、肥料效应函数法

肥料效应函数法是最常用的田间试验类方法，是以田间试验为基础，利用数理统计得到施肥量与产量之间的效应函数进而指导施肥的一种方法。步骤依次为采用单因素、二因素或多因素的多水平回归设计进行布点试验，将不同处理得到的产量进行数理统计，求得产量与施肥量之间的肥料效应方程式。根据其函数关系式，可直观地看出不同元素肥料的不同增产效果，以及各种肥料配合施用的效果，确定施肥上限和下限，计算出经济施肥量，作为实际施肥量的依据。这一方法的优点是能客观地反映肥料等因素的单一和综合效果，施肥精确度高，符合实际情况，缺点是地区局限性强，不同土壤、气候、耕作、品种等需布置多点不同试验。

六、其他田间试验法

一是养分丰缺指标法。此法利用土壤养分测定值与作物吸收养分之间存在的相关性，对不同作物通过田间试验，根据在不同土壤养分测定值下所得的产量分类，把土壤的测定值按一定的级差分等，制成养分丰缺及应该施肥量对照检索表。在实际应用中，只要测得土壤养分值，就可以从对照检索表中，按级确定肥料施用量。

二是氮、磷、钾比例法。原理是通过田间试验，在一定地区的土壤上，取得某一作物不同产量情况下各种养分之间的最好比例，然后通过对一种养分的定量，按各种养分之间的比例关系，来决定其他养分的肥料用量。

第四节
烟草施肥技术

烟草施肥技术要以土壤养分含量状况、烟草需肥规律以及肥效试验结果为基础来确定。一般包括四个方面：一是选择适宜的肥料种类，注重有机肥无机肥结合、因缺补缺、营养元素均衡等；二是确定最佳施用量，施肥量要依据土壤基础养分状况、产质量目标等因素确定；三是确定最佳施肥时期，特别是追肥时期要充分考虑便于后期烟叶氮素营养调控和利于烟叶钾含量提升的因素；四是确定最优施用方法。

可通过田间试验或实践总结形成适用于不同种类（如有机肥、复混肥等）、不同施用时期（如基肥、追肥等）、不同形态（如固态、液体肥料等）的肥料施用方法，如基肥采用的“双层施肥法”、追施的磷酸二氢钾等采用的叶面喷施法等。

施肥技术的目标：一是改善烟叶品质；二是有利于优化肥料资源配置，提高肥料利用率，降低生产成本，提质增效；三是可以避免或减轻由不合理施肥带来的环境污染；四是有利于培肥地力，实现烟草产业的可持续发展。

一、肥料的选择

肥料是作物增产提质的物质基础。就烟草而言，施肥不但是要提高单位面积的产量和经济效益，更为重要的是要有利于烟叶品质形成与提高，这是烤烟施肥的最终目的和烤烟产品质量的最终体现。烟叶产质量是土壤、气候环境与人为因素（品种、施肥等）综合作用的结果。在这一体系中，施肥是最大的可变因素，施肥首先影响土壤环境，进而影响烟叶产质量，三者之间存在着必然的联系。而且，土壤与施肥问题是决定烟草生产能否持续、稳定发展的重要因素。

1. 氮肥的确定

氮肥在烟叶产量、产值形成过程中具有较大作用。在生产上常常出现氮肥施用过多的情况，氮肥施用过多，尽管烟叶产量随之提高，但当施氮量超过一定限度后，肥料效益即亩产值减去成本明显降低，烟叶品质变差。经多年多点试验，在精耕细作的条件下，中等肥力土壤上种植烤烟K326、云烟85、V2、云烟87等需肥量大的品种，适宜的施氮量一般为7～9 kg/ 亩；红大、G28等需肥量少的品种为4～6 kg/ 亩，其中，红大为 4 ～ 5 kg/ 亩，G28 为 5 ～ 6 kg/ 亩。

2. 磷肥的确定

氮磷比（N：P_2O_5）可普遍地由过去的 1：2 降至 1：（0.5 ～ 1.0）。在一般情况下，如施用了 12-12-24、10-10-25、15-15-15 的烟草复合肥后，就不必再施用普钙或钙镁磷肥；如施用的烟草复合肥是硝酸钾，每亩施用普钙或钙镁磷 20 ～ 30 kg，就可满足烤烟生产的需要。磷肥可根据土壤分析结果和所用复合肥进行有针对性地施用。

3. 钾肥的确定

从施钾水平来看，当施钾（K_2O）量达 20 kg/ 亩以上，烟叶钾含量并不随施钾量的增加而提高。此外，施用氮肥和钾肥的比例还与氮肥用量有很大关系，在低施氮水平下的钾肥配比要高于高施氮水平下的钾肥配比，如种植红花、大金元、G28 等品种，施氮 4 ～ 6 kg/ 亩，氮钾比（N：K_2O）应采用 1：（2.5 ～ 3.0）；如种植 K326、云烟 85、云烟 87、V2 等品种，施氮 7 ～ 9 kg/ 亩，氮钾比可采用 1：（2.5 ～ 3）。总之，每亩施钾量可掌握在 15 ～ 20 kg 范围内。

二、施肥时期

烟草生育期短，成熟集中，养分需要量大，生产 100 kg 烟草（干物质）需氮（N）2.3 ～ 2.6 kg，磷（P_2O_5）1.2 ～ 1.5 kg，钾（K_2O）4.8 ～ 6.4 kg，烟草对钾的需要远大于氮和磷。烟草不同栽培和不同生育期吸收养分是不同的。

在苗床期，从播种到 2 ～ 3 片真叶时，吸收氮、磷、钾很少。4 ～ 8 片叶时，吸收量迅速上升，9 ～ 10 片叶时，养分吸收最多，氮、磷、钾的吸收量分别占苗床期吸收总量的 68.4%、72.8%、76.7%。苗床施肥：主要是培育壮苗，保证适时移栽，为烟草优质高产奠定基础。因此，苗床要施足基肥，适时追肥。苗床基肥：每平方米施腐熟的饼肥或干鸡粪 20 kg、过磷酸钙 0.25 ～ 0.5 kg、硫酸钾 0.25 kg。苗床追肥量从十字期开始由少到多，一般追肥 2 ～ 3 次。第一次追肥每平方米用氮 2 g、磷（P_2O_5）1.5 g、钾（K_2O）2.5 g，对水喷施，每隔 8 ～ 10 d 喷一次。移栽前 3 ～ 5 d 要控肥水，增强抗逆力。

烟草是以烟叶为收获物的卷烟工业原料作物，大田生产是烟叶质量的关键，在生长前期需要平衡且充足地供给各种养分，以促使植株正常生长，后期必须相对地控制养分吸收，使烟叶着好色、质量高。大田期夏烟移植后 25 d 内，养分吸收不多，吸肥高峰在移植后 40 ～ 70 d，氮吸收占总量的 60%，磷占 45%，钾占 50%。以后吸收下降，收获前半个月内磷钾吸收又趋于上升，磷钾素分别占总量的 35.9% 和 22.8%。春烟的养分吸收峰值在移植后 45 ～ 75 d，氮素吸收占吸收总量的 44% ～ 50%，磷占 50% ～ 70%，钾占 50% ～ 60%，以后阶段养分吸收趋势与夏烟基本相同。

大田施肥：①基肥。亩施饼肥 50 kg，农家肥 2000 ～ 2500 kg，亩开沟条施硫酸钾型复合肥（15-15-15）18 ～ 20 kg、过磷酸钙 35 ～ 40 kg、硫酸钾 12 ～ 15 kg，在移栽穴内亩施复合肥 5 ～ 7.5 kg、硫酸锌 1 ～ 2 kg，结合整地沟施或穴施土中。②定根肥。移栽时，亩用尿素 1.5 ～ 2.5 kg、磷肥 2.5 ～ 5 kg，对水淋施，以促使提早还苗成活。③追肥分三次施用，在移栽后 7 d 亩淋施硝酸钾 3 ～ 5 kg，15 d 后亩淋施硝酸钾 5 ～ 7.5 kg，在烟株“团棵后、旺长前”亩施硫酸钾型复合肥（15-15-15）5 ～ 7.5 kg、硫酸钾 8 ～ 10 kg，同时进行大培土。烟草生长后期，可用 0.2% 磷酸二氢钾溶液叶面喷施，对提高产量和品质都有良好效果。

三、施肥方法

1. 双层施肥方法

双层施肥技术是利用烟草垄栽的特点，采用基肥双层一次施用的方法。于起垄前将基肥量的 60% ～ 70% 条施于垄底烟株种植行上，然后起垄；烟苗移栽前再将基肥量剩余的 30% ～ 40% 施于定植穴底部，与土壤充分混合，覆以薄土后移栽烟苗。双层施肥有利于早期根系向下伸展，促进烟苗早发，也有利于旺长期吸收速效养分，迅速扩大叶面积，促进烟叶按时充分成熟，有利于减轻烟苗定植后无灌溉条件下的旱害。

2. 双条施肥方法

胡国松认为在覆膜条件下基肥采用植烟行两侧双行施肥，深度以 15 ～ 20 cm 为宜，对于不覆膜栽培，基肥采用单行或双行深施 20 ～ 25 cm 为宜。此种技术适合机械化操作。

3. 根外施肥方法

根外施肥又称叶面施肥，是指将肥料配成一定浓度的溶液，喷洒在植株叶面，由叶面吸收，具有经济、快速、高效的优点，适宜在土壤养分有效性低、表土有效肥缺乏或出现营养缺乏症状时使用。多数情况下，根外施肥不能代替土壤施肥，只是一个施肥的辅助措施。根外施肥应根据肥料种类、烟株生长发育时期、施肥时的天气条件等确定具体的喷施浓度和使用时机。一般根外喷肥的浓度为 0.05% ～ 1%，因肥料种类而异。叶面喷肥一般选择无风、无雨天的上午 9 时前或下午 4 时后，叶面以双面喷雾为宜。时机不当会出现养分从疏水表面流失、被雨水淋失或叶面灼伤等问题，微量元素肥料通常需要连续喷施 2 ～ 3 次。

4. 疏松犁底层，提高肥料的利用率

连年耕作耕层浅容易导致烟田犁底层硬而积盐，使得根系呈盘形分布，进而限制烟株发育。浅松犁底层是改善烟株立地条件、活化土壤营养元素、扩大根的吸收容量、提高肥料利用率、促进烟株发育、提高烟叶产量和质量的有效措施。

四、具体施肥措施

1. 氮、磷、钾肥的施用

复合肥和硫酸钾应根据地下水位和肥力高低而定，提倡少施或不

施塘肥（土壤肥力低则少施，土壤肥力高则不施），重条施或追肥（地下水位低则重条施，如地烟和山地烟；地下水位高则重追肥，如田烟）。地烟可用 1/3 的复合肥和硫酸钾作条施，1/3 作塘肥，1/3 在移栽后 15 ～ 20 d 作追肥。田烟则以 1/3 的复合肥和硫酸钾作塘肥施用，2/3 作追肥。

普钙或钙镁磷肥适宜作条施，即理墒前均匀撒施于烟墒底部，可以提高肥效。另外，钙镁磷肥属碱性肥料，不宜与复合肥或硫酸钾等酸性肥料混合施用，以免发生化学反应而降低肥效，并且在酸性土壤上施用效果较好。要防止肥料与烟株根系直接接触，可采用环状施肥，使肥料与烟株保持 10 ～ 15 cm 的距离，以免烧苗。特别是一次性施肥的地膜烟，更要注意这个问题。

2. 中微量养分的施用

烤烟中微量养分的施用量一般都较低，但其在烤烟生长发育和品质形成中具有不可忽视的生理作用。中微量养分的施用应以缺什么补什么为原则。

① 缺镁。用 0.2% ～ 0.5% 的硫酸镁溶液进行 2 ～ 3 次喷施或每亩施用硫酸镁 10 ～ 15 kg。

② 缺硼。用 0.1% ～ 0.25% 的硼砂溶液叶面喷施或每亩用 0.5 kg 的硼砂与其他肥料混合施用。

③ 缺钼。用 0.05% ～ 0.1% 的钼酸铵喷施 2 ～ 3 次。

④ 缺锌。用 0.1% ～ 0.2% 的硫酸锌溶液叶面喷施 2 ～ 3 次。也可以用以下叶面肥料进行追肥：植物动力 2003 1000 倍叶面喷雾；0.15% 天然芸苔素乳油 6000 ～ 10000 倍叶面喷雾；科宝植物优生素 1500 ～ 3000 倍（移栽作物、药害和肥害、冻害、涝害、强根壮苗、控旺使用 1500 倍）叶面喷雾；绿风 95 600 倍叶面喷雾；金邦 1 号植物健生素 500 倍叶面喷雾；绿亨天宝高效植物增产剂 1500 倍叶面喷雾；新自然含氨基酸叶面肥 300 ～ 500 倍叶面喷雾；奇茵植物基因活化剂 1500 倍叶面喷雾；新农宝多元素复合叶面肥 300 倍叶面喷雾；1.4% 复

硝酚钠水剂 1500 ～ 3000 倍叶面喷雾；绿色扬康·金饭碗含氨基酸叶面肥 300 ～ 500 倍叶面喷雾；恩碧来高效液肥 1500 倍叶面喷雾；0.136% 赤霉·吲乙·芸苔素可湿性粉剂（碧护）10000 ～ 12000 倍叶面喷雾。

3. 有机肥的施用

（1）秸秆类

秸秆有机肥，C/N 较高，氮含量较低，即使能充分发酵，仍有较多的纤维素不能彻底分解，因此，其改土作用优于肥效。按照原位归还的原则，施用量每亩在 300 ～ 500 kg。

（2）饼肥类

饼肥（主要是菜籽饼）含氮量一般为 4% ～ 5%，每亩适宜施用量为 20 ～ 30 kg。饼肥施用过多，往往会使中上部叶晚熟而烟碱含量进一步提高。菜籽饼有机肥，C/N 小，氮含量高，容易分解转化，当季利用率高，对改善烟叶质量有明显作用，是优质的有机肥。推荐施用量为每亩 15 ～ 20 kg。

（3）畜禽粪便类

牛粪有机肥，C/N 较为适宜，氮含量适中，充分发酵的牛粪有机肥也容易分解转化，对改善烟叶质量有明显作用，是较好的有机肥。在常规施肥的基础上，每亩增加 50 kg 牛粪有机肥，可增加 10% 左右的产量，烟叶质量也有所提高；施用量为每亩 100 kg 时，可在常规施肥的基础上减少 1 ～ 2 kg 氮化肥。

（4）酒（醋）糟类

酒（醋）糟有机肥，C/N 较小，氮含量较高，大部分有机物容易分解转化，也是优质的有机肥。按土壤肥力状况建议使用量控制在每亩 50 ～ 75 kg，同时酌情减少化肥用量。

4. 水肥一体化

（1）技术优势与发展趋势

水肥一体化是将灌溉与施肥融为一体的农业新技术，即借助压力系统（或地形自然落差），将可溶性固体或液体肥料，按土壤养分含量和烟草的需肥规律和特点配兑成肥液，通过可控管道系统供水、供肥，通过管道和滴头形成滴灌，均匀、定时、定量地浸润烟草根系生长区域，使主要根系土壤始终保持疏松和适宜的含水量和养分供应。可以根据烟株不同生育时期对水分和养分的需求进行灌水量和施肥量调节，不断满足烟草生长发育和产量品质形成对水分和养分的双重需要，最大限度地发挥水肥互作效应，提高水分和养分利用率。施肥量比常规可减少 20% ～ 30%，是现代化高效水肥管理方法，具有降低土传病害的发生、减少因肥料淋溶流失对生态环境的污染、提高肥料的施用效率、改善土壤微环境、减少用工投入等的优势。

随着科学不断发展，滴管和水肥一体化设备的成本逐步降低，具有较好的推广前景。目前先进国家开始在生产中广泛采用水肥一体化灌溉施肥技术，我国近年来在河南许昌、山东潍坊等地进行试验示范，取得显著的增质、增产、降本等效果，多个烟区已计划在烟田大面积推广应用。

（2）设备选择与应用

水肥一体化首先是建立一套滴灌系统。在设计方面，要根据地形、田块、单元、土壤质地、种植方式、水源特点等基本情况，设计管道系统的埋设深度、长度、灌区面积等。水肥一体化的灌水方式可采用管道灌溉、喷灌、微喷灌、泵加压滴灌、重力滴灌、渗灌等。还要有一套施肥系统。在田间要设计为定量施，包括蓄水池和混肥池的位置、容量、出口、施肥管道、分配器阀门、水泵、肥泵等。一套完备的烤烟生产滴灌设备主要包括水源、首部枢纽、输水管网、灌水器、监测控制系统 5 个部分。

（3）技术要求

① 肥料选择。水肥一体化选择的肥料应具有溶解度高、溶解速度快、稳定性好、兼容性强、对设备腐蚀性小等特点。具体种类上应首选滴灌专用肥，其次可以选择硫酸钾、硝酸钾、硝铵、硫酸铵、磷酸二氢钾等可溶性固体肥料。在复配使用时，要确保不同肥料在进行配制时不会产生沉淀，能够保持溶液的酸碱度在中性和微酸性之间。

② 应用时期。水肥一体化技术在烟草全生育期均可应用。根据应用时期和目的可分为全生育期应用、追施氮肥应用、追施钾肥应用等。以下是部分产区利用水肥一体化技术进行追肥的情况。

a. 全生育期应用：从移栽后 30 d 开始采用水肥一体化系统追施肥料，移栽后施用两次促生水溶性肥，移栽后 45 d 开始每隔 15 d 共施用 3 次提钾水溶肥。

b. 追施氮肥应用：将总施氮量 20% ～ 30% 的肥料采用水肥一体化追施，在旺长期分 3 次追施，最后一次追施的肥料用量要根据当时烟叶长势灵活调整。

c. 追施钾肥应用：为了提高烟叶钾含量、提升烟叶品质，可在旺长期、现蕾后增施水溶性钾肥（K_2O）每亩 2 ～ 4 kg。

③ 肥料浓度。肥料浓度要适宜。注入肥液的适宜浓度大约为灌溉流量的 0.1%。肥液的具体浓度要根据土壤水分情况确定，土壤较干旱时，应适当调低肥液浓度，土壤水分含量较高时肥液浓度可以调高。

④ 应用量次配合。由于滴灌水肥一体化具有在较长一个时间段内持续滴入水肥的特点，为防止根系区出现盐害等问题，一定要遵循少量多次的原则。在具体应用时，应以烟叶不同生育期的水肥需求特点进行。还苗期、伸根期内可以每隔 10 d 左右进行一次，进入旺长期后烟株肥水需求增大，间隔可以缩短到 7 d。施肥时要掌握剂量，例如灌溉流量为每亩 50 m^3，注入肥液大约为每亩 50 L，过量施用可能会使烟苗致死以及污染环境。

参考文献

李春俭 ,2008. 高级植物营养学 [M]. 北京 : 中国农业大学出版社 .

胡秀芝 , 程稼科 , 2008. 烟草施肥技术 [J]. 吉林农业 ,6:32-32.

张夫道 ,1986. 关于植物有机营养的研究 [J]. 土壤肥料： 15-19.

金耀青 , 1982. 最小养分律给我们的启示 [J]. 新农业 ,20:16-17.

第六章

贵州烟区土壤养分供给状况

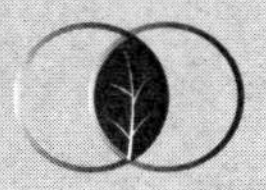

贵州是全国烤烟最适宜种植区之一，是我国重要的优质烤烟产地，其独特的气候、土壤类型、养分条件，非常适合优质烟草的种植。目前烤烟作为贵州重要的经济支柱产业，占全省财政收入的 1/4 ～ 1/3，占烟区农民收入的 60% 以上，对我国烟草行业的平稳健康发展有着重要影响。下面系统地对贵州烟区土壤营养环境特征进行介绍，深入探讨不同区域尺度下烟区土壤养分，为优质烟叶生产的养分管理提供理论基础。

第一节 贵州烟区土壤特征

贵州烟区位置特殊，处于云贵高原东部斜坡地带，土地面积达 17.6×10^4 km^2。贵州烟区土壤类型是复杂多样的，主要成土母质有砂页岩互层、泥质岩、石英岩、碳酸盐岩和紫色岩等，其中植烟土壤主要包括黄壤、石灰土、紫色土及黄棕壤（丁伟，2002；秦松，2007）。

一、黄壤

黄壤是贵州烟区分布最广和面积最大的地带性土壤，耕地面积约 155.0×10^4 hm^2，占全省土壤总面积的 46.2%。研究表明，贵州烟区黄壤种烟面积最大，约占植烟土壤的 75%。其中，烟草种植农田主要以黄泥土、黄砂泥土、黄砂土和大黄泥土四个黄壤亚类土壤类型为主。主要的烟区例如安顺、毕节、贵阳、六盘水、黔东南、黔南、黔西南、铜仁和遵义皆具有广泛的分布。贵州省主要植烟黄壤的潜在供氮能力以中部地区较低，向四周辐射潜在供氮能力增强，六盘水和黔东南部分烟区潜在供氮能力过高，总体来看，植烟黄壤一般发育程度深，土层较厚，养分含量在全省土壤中也处于中等水平（冯勇刚等，2003；张恒等，2013）。

二、石灰土

石灰土由碳酸盐发育而成，土体中常含有少量碳酸盐。全省石灰土耕地为 67.9×10^4 hm^2，占全省耕地的 20.3%。其中植烟土壤 11.3% 为石灰土。贵州植烟石灰土以黄色石灰土为主，集中分布于中海拔的黔中高原上。黄色石灰土分区属亚热带，为高原季风温和湿润气候，平均气温为 14 ～ 18℃，全年＞ 10℃有效积温为 4500 ～ 5800℃，年降雨量为 1000 ～ 1500 mm，相对湿度为 80%，其独特的气候条件造成其土壤淋溶淀积与生物富集作用活跃（秦松，2007）。此外通常石灰土的钙、镁盐基离子含量较高，pH 最大，达到了 7.5。刘杰等（2022）和蔡凯等（2022）在铜仁烟区以及全贵州烟区的研究结果表明，由于石灰土具有较高的土壤 pH，其对烟草的生长发育及烟叶品质会产生不利影响。

三、紫土

紫色土是由紫色岩发育而来的一类非地带性的岩成土。其物理风化明显，化学风化较弱，性状受母岩的影响。贵州烟区中紫色土占植烟土壤的 7.1%。植烟紫色土主要为中性和酸性砂壤质的紫色土，其通气性能比较好，质地上轻下重，保水保肥性能比较强，钾含量较高，土壤 pH 值与其他类型土壤差异不显著，大部分在中性至微酸范围内，总体适宜烟草的生长（秦松，2007）。此外，紫色土也存在一些不足，例如有机质与氮含量较低，水溶性氯含量过低，难以满足优质烤烟生长需要，有效硫含量中等，交换性钙、镁含量偏高，微量元素中有效铁、锰含量丰富，有效铜、锌、钼含量中等，有效硼含量普遍较低，总体应当适当补充微肥（王晖等，2006）。

四、黄棕壤

贵州植烟黄棕壤主要是暗黄棕壤亚类，面积 9.21×10^5 hm^2，占黄棕壤土类面积的 93.4%，主要分布于西北部和西部 1400 m 以上的中山、高中山及高原丘陵上。贵州烟区中黄棕土占植烟土壤的 2.2%，植烟黄棕壤脱硅富铝化较弱，黏化过程较强。研究表明，乌蒙山区土壤类型以黄棕壤为主，烤烟风味为清甜香，其土壤有机质、速效氮、全钾、水溶性氯含量相对较低，而有效钾含量最高（刘超等，2014）。

第二节
贵州烟区土壤 pH 概况

一、不同烟区土壤 pH 简述

土壤酸碱性是土壤的重要化学性质，对土壤微生物的活性、对矿物质和有机质分解起着重要作用，因而影响土壤养分元素的释放、固定和迁移等。一般认为我国烤烟适宜的土壤 pH 值为 5.5 ～ 7.0。早期秦松等（2007）提出贵州地区总体适合种植烟草，其中植烟土壤分布在最适宜范围（pH 5.5 ～ 6.5）和适宜范围（pH 6.5 ～ 7.5）的土壤占 62.1%，而酸性土壤以及过碱土壤占比为 25.6%。从各烟区土壤 pH 分布来看，贵阳烟区土壤 pH 平均为 6.57，遵义 6.59，毕节 6.78，黔南 6.66，黔东南 6.87，黔西南 6.68，铜仁 6.17，六盘水 6.26，安顺 5.60（黎妍妍等，2007）。表 6-1 为植烟对不同 pH 土壤的适应性。研究表明各烟区土壤 pH 的变化范围比较大，下面对几个重点烟区土壤 pH 分布概况进行表述。

表 6-1 植烟对不同 pH 土壤的适应性

级别	pH	植烟适应性
极强酸性	＜ 4.5	不适宜
强酸性	4.5 ～ 5.5	适宜
微酸性	5.5 ～ 6.5	最适宜
中性	6.5 ～ 7.5	适宜
微碱性	7.5 ～ 8.5	次适宜
强碱性	＞ 8.5	不适宜

贵阳烟区土壤 pH 为 4.55 ～ 5.5 的酸性土壤占 17.3%。其中修文比例最大，高达 31.18%，pH 在 5.5 ～ 6.5 的土壤占比为 32.15，其中清镇、开阳所占比例高达 35%，pH 6.5 ～ 7.5 的土壤比例为 43.88%，其中开阳占 49.4%。pH 为 7.5 ～ 8.5 的微碱土壤占贵阳土壤的 6.61%，其中息烽占比最高，为 18.7%。从贵阳烟区总体来看，强酸和强碱性土壤很少，pH ＞ 8.5 的土壤没有分布。pH ＜ 4.5 的土壤占比为 0.04%，可见耕地土壤 pH 5.5 ～ 7.5 的微酸性和中性土壤占比最大，为 76.2%，总体来看，适宜优质烤烟的生长（任春燕，2012）。

贵州铜仁主要烟区植烟土壤pH值在4.75～8.35之间，平均为6.69，变异系数为 18.4%（何俊瑜等，2013）。其中不同烟区土壤 pH 值呈现出较大的差异，具体表现为江口（7.41）＞思南（6.88）＞石阡（6.73）＞德江（5.89）。从土壤 pH 分布来看，土壤 pH 在 4.5 ～ 5.5 间的样品数占22.9%，土壤pH在5.5～6.5间的样品数占 28.1%，土壤pH在6.5～7.5间的样品数占 8.33%，土壤 pH 在 7.5 ～ 8.5 间的样品数所占的比例较大，达 40.6%，说明贵州铜仁烟区部分土壤 pH 偏高，可能对烟叶的生长造成一定的影响。另外，不同烟区土壤的 pH 分布差异也较大，其中德江和思南弱酸性土壤分布比例较大，而弱碱性土壤主要分布在石阡和江口烟区，土壤 pH 在 7.5 ～ 8.5 间的样本占的比例分别为 50.0% 和 67.7%（何俊瑜等，2013）。

毕节烟区土壤 pH 变化特征表明，毕节烟区土壤 pH 变化幅度为 3.84 ～ 8.88，平均为 6.34，变异系数为 0.18（沈玉叶，2020）。总体呈现弱酸性，处于适宜烟草种植 pH（5.0 ～ 7.0），烟草生长水平的比例为 53.9%，pH ＞ 7.0 或 pH ＜ 5.0 的比例分别为 33.5% 和 13.3%。从土壤类型来看，潮土 pH 最大，为 6.62，粗骨土 pH 最小，为 6.02。从毕节各个县来看，毕节市不同产区土壤 pH 高低顺序是：赫章＞七星关区＞黔西、纳雍＞威宁＞织金＞金沙＞大方（符云鹏等，2013）。各县（市）pH 最适宜的土壤样本数占各地总样本的比例由高到低顺序为：金沙（67.44%）＞织金（64.29%）＞大方（54.84%）＞七星关（47.54%）＞黔西（36.59%）＞威宁（35.19%）＞赫章（24.24%）＞纳雍（15.38%），不同土壤类型 pH 平均值高低顺序为：石灰土＞紫色土＞潮土＞黄壤＞黄棕壤（符云鹏等，2013；李玉宝等，2020）。适宜烤烟生长的比例分别为黄棕壤（91.43%）＞黄壤（85.78%）＞紫色土（69.57%）＞石灰土（52.22%）（张友杰等，2018）。

遵义烟区总体土壤 pH 变幅为 4.4 ～ 8.8，平均值为 6.6，变异系数为 14.72%，适宜植烟 pH 的土壤样本占比 62.5%，偏碱范围的土壤样本占比 20.5%，偏酸范围的占比 17.0%。从各县烟田土壤 pH 分布频率来看，务川自治县烟田土壤 pH 整体最优，有 74% 的烟田土壤 pH 在适宜范围内，其中 33% 的土壤 pH 处在最适宜范围。其次是道真、仁怀、绥阳及正安等县，分别有 66.6%、70.4%、66.7% 和 63.8% 的烟田土壤 pH 处于适宜范围，但这 4 个县处于偏酸范围的比例也较高，达 25% 左右；湄潭、习水、余庆等县烟田土壤处于偏碱范围内的比例较高，分别为 53.1%、47.4% 和 47.2%，表明这 3 个县烟田土壤以中性及偏碱性为主（彭玉龙等，2019）。

黔西南州植烟土壤 pH 值平均值为 6.65，总体水平适宜。6 个主产烟县的植烟土壤 pH 平均值变幅范围为 4.68 ～ 7.87。从变异系数看，全州平均值为 11.72%，变异程度较小。黔西南州植烟土壤样本 pH 值有 51.04% 处于适宜范围内，植烟土壤样本中有 8.33% 和 4.17% 分别处于“低”和“极低”范围，植烟土壤样本中 20.83% 和 15.63% 分别处于“高”和“很高”范围，由此可见，黔西南州绝大多数植烟土壤呈弱酸性至中性，能满足优质烤烟生长的要求（史改丽，2016）。

通过对黔南州主要烟草生产区平塘县烟区土壤进行研究表明，烟区 44.6% 的土壤介于 5.5 ～ 6.5 之间，33.1% 的土壤 pH ＜ 5.5。pH 6.5 ～ 7.5 的占 15.4%，pH ＞ 7.5 的占 6.9%。其中最适宜和适宜种烟的 pH 土壤占比为 60%，pH ≤ 5.0 的占比 10.8%（张西仲，2012）。

从六盘水烟区来看，六盘水市主植烟区土壤 pH 以金盆最高，为 6.86，其次是南开，为 6.65；pH 最低的是米箩，为 5.32。金盆、南开和青林的土壤 pH 极显著高于其余 17 个植烟区，从土壤 pH 分布看，以 pH 5.5 ～ 6.5 的占比最大，为 49.52%。红岩和野钟是土壤 pH 分布比例较集中的植烟区，pH 5.5 ～ 6.5 的分布占比分别为 80.36% 和 73.14%。总体上，土壤 pH ＜ 5.5 的分布占比为 28.75%（蒋诗栋等，2016）。

二、烟区土壤 pH 空间分布

贵州省土壤 pH 值的空间分布等特征主要是地形、成土过程、母质等自然因素作用的结果，人类活动对其空间分布特征的影响不是很大。从各个烟区土壤 pH 变化空间分布来看，贵阳市不同植烟区土壤酸度分布总体较为一致，开阳县、清镇市和息烽县土壤 pH 较为一致，主要集中在 5.5 ～ 7.5，而修文县土壤 pH 主要分布在 4.5 ～ 5.5（任春燕，2012）。遵义烟田总体上呈现南部偏酸、北部偏碱的空间分布特征，各县区烟田土壤 pH 之间存在显著差异，土壤剖面 pH 整体上随土层深度而增加，但这种变化趋势在各县区间存在一定分异（彭玉龙等，2019）。黔西南州植烟土壤的 pH 具有空间分布趋势效应，空间分布有从南向北逐渐减少的趋势（胡向丹等，2014）。植烟土壤 pH 主要集中在 6.55 ～ 6.86 区间。在高值区的安龙县植烟土壤 pH 值达到 7.38 以上，而在低值区的普安县植烟土壤 pH 则在 6.22 以下（史改丽，2016）。毕节烟区 pH 平均值为 6.5，空间分布差异较大，pH 偏高和偏低的烟区面积均较大。母岩对土壤 pH 的空间分布起决定性作用，其次为土壤类型。土壤 pH 空间分布上大致呈现东部高西部低的整体格局（张龙等，2023）。铜仁烟区土壤的 pH 分布存在较大的差异，德江和思南弱酸性土壤分布比例较大，而弱碱性土壤主要分布在石阡和江口烟区，7.5 ～ 8.5 间的样本占的比例分别为 50.0% 和 67.7%（何俊瑜等，2013）。

第三节
贵州烟区土壤养分特征与空间分布

一、有机质

植烟土壤有机质或高或低对于烟草的生长皆具有不利影响。普遍认为南方植烟土壤适宜烟草生长的有机质含量为 15 ～ 30 g/kg（曹志洪，1995）。由于贵州烟区分布广泛，土壤类型复杂多样，土壤有机质含量幅度变化很大，为 2.05 ～ 99.42 g/kg，其中处于适宜含量范围内的土壤样本占 59.5%；丰富和很丰富的有机质土壤占 35.8%，土壤缺乏有机质占 4.7%。通常对于有机质含量丰富的土壤，应该控制氮肥和有机肥的使用量，而对于有机质相对贫瘠的植烟土壤，应当适当施加优质有机肥，以保证烟草优质生长。

贵阳市植烟土壤有机质含量在丰富、较丰富等级偏下和中等级偏上之间，平均 26.78 g/kg，变幅 12.68 ～ 45.4 g/kg，＞ 35.00 g/kg 的占贵阳市土壤总数的 10.8%，25.00 ～ 35.00 g/kg 的占贵阳市土壤总数的 41.8%，15 ～ 25 g/kg 的占贵阳土样总数的 45.9%，＜ 15.00 g/kg 的土样较少，只有修文六屯的黄家土村有少量，土壤有机质为 12.86 g/kg。有机质最高（45.4 g/kg）的土壤分布在清镇市暗流新街村，土壤有机质丰富和很丰富的占比为 41.8%（任春燕，2012）。

铜仁主产烟区土壤有机质含量变化范围较大，为 5.36 ～ 53.8 g/kg，平均含量为 26.1 g/kg，变异系数为 24.5%。从 4 个主要植烟县看，石阡烟田有机质含量最高，平均为 28.0 g/kg，江口最低，平均为 24.4 g/kg，但石阡烟田土壤有机质含量的变幅最大，变幅为 5.36 ～ 43.9 g/kg，变异系数达 30.4%，江口的变幅最小，变异系数为 16.5%。从分布来看，土壤有机质含量分布较集中，含量较高（＞ 50 g/kg）和较低（＜ 15 g/kg）的土壤比例较少，其中 80% 的烟田土壤有机质含量在 15 ～ 30 g/kg 的范围内，比较适宜烤烟生长。其中德江、石阡、思南和江口土壤有机质含量在 15 ～ 30 g/kg 样点数所占比例分别为 86.4%、63.6%、80.9% 和 88.0%，土壤有机质含量为 30 ～ 50 g/kg 样点数所占比例分别为 9.09%、31.8%、14.3% 和 8.00%（何俊瑜等，2013）。

黔西南州 6 个主产烟县的植烟土壤样本中有机质含量有 14.58% 处于适宜范围内，有 6.25% 的植烟土壤样本处于“偏低”状态，处于“高”状态的植烟土壤样本分别占 27.08%，处于“很高”状态的植烟土壤样本占 52.08%，处于“缺乏”状态的植烟土壤样本是没有的。黔西南州

6个主产烟县植烟土壤有机质含量平均值集中在30.73%～55.72%范围内，按植烟土壤有机质含量的平均值高低对黔西南州6个主产烟县排序为：晴隆县＞兴义市＞兴仁市＞贞丰县＞安龙县＞普安县（史改丽，2016）。

六盘水市各主植烟区以阿戛的土壤有机质含量最高为69.88 g/kg；其次为果布戛，为68.52 g/kg；阿戛和果布戛的土壤有机质含量极显著高于其他植烟区。土壤有机质含量＞40 g/kg的分布比例以红岩的最高，为94.64%（蒋诗栋等，2016）。从土壤类型来进行排序，依次为黄壤（28.75 g/kg）＞石灰土（27.54 g/kg）＞黄棕壤（26.35 g/kg）＞紫色土（23.76 g/kg）（张友杰等，2018）。

二、全氮和速效氮

与土壤有机质变化较为相似，贵州烟区土壤全氮含量变化幅度也相对较大，变化范围为0.07～7.49 g/kg，植烟土壤全氮主要位于丰富和中等之间，占91.8%，而缺氮土壤比例为8.2%。总之，贵州烟区土壤全氮水平相对较高，过高的含氮量可能会对烟草的上部叶品质产生一定的影响。贵州烟区土壤速效氮含量变幅为13.04～159.90 mg/kg，按照最适宜烟草生长土壤速效氮浓度区间为25～45 mg/kg来看，处于最适范围内所占比例约为42.4%，高于最适土壤速效氮浓度比例为20.9%。其中在速效氮的测定中，硝态氮平均浓度为26.88 mg/kg，铵态氮的平均浓度为21.38 mg/kg。

贵阳市植烟土壤速效氮平均含量49.35 mg/kg，对于烟草种植来说属中等水平，其变幅24.9～167.2 mg/kg，＞60 mg/kg的占贵阳市土样总数的19.4%，45～60 mg/kg的占42.7%，25～45 mg/kg的占21.3%。速效氮适中比例的占89.2%，贵阳市修文县、开阳县土壤速效氮含量较高，分别平均达63.7 mg/kg和56.8 mg/kg，土壤速效氮清镇市含量较低，平均达到44.9 mg/kg。在不同氮的形态中，硝态氮与铵态氮相当，平均含量分别为23.15 mg/kg和26.20 mg/kg（任春燕等，2012）。

铜仁地区主要烟区植烟土壤全氮含量在0.89～2.67 g/kg范围

内，平均为 1.71 g/kg，其中有 82.2% 的土壤全氮含量在 1.00 ～ 2.00 g/kg 范围，有 14.4% 的土壤全氮含量高于 2.00 g/kg。各烟区平均全氮含量有一定的差异，全氮含量以石阡植烟土壤最高，平均 1.82 g/kg，思南最低，平均为 1.60 g/kg。全氮变幅以石阡植烟土壤最大，变幅为 0.89 ～ 2.67 g/kg，变异系数达 24.2%；江口植烟土壤变幅最小，变幅为 0.91 ～ 2.03 g/kg，变异系数为 12.0%。从各烟区全氮的分布来看，石阡全氮含量＞ 2.00 g/kg 的样本占 27.3%，德江、思南和江口分别为 9.09%、14.3% 和 8.00%；德江、石阡、思南和江口全氮含量＜ 1.00 g/kg 的样本分别为 0%、4.55%、4.76% 和 4.00%（何俊瑜等，2013）。

毕节烟区土壤速效氮研究表明，金沙县主要植烟土壤速效氮含量为 48.3 ～ 86.8 mg /kg，平均为 69.24 mg/kg，其中速效氮处于适宜范围的占 12.00%，含量较高的占 88.00%，总体肥力较高，需要控制氮肥尤其是 NH_4^+-N 的施用量。大方县主要植烟土壤速效氮含量在 29.23 ～ 86.8 mg/kg，平均为 63.04 mg/kg，其中速效氮处于适宜范围的占 32.00%，最适宜范围的占 12.00%，含量较高的占 68.00%。威宁县主要植烟土壤速效氮含量在 20.48 ～ 99.4 mg/kg，平均为 46.44 mg/kg，速效氮含量处于适宜范围的占 79.31%，处于最适宜范围的占 44.83%，含量较高的占 20.69%（李玉宝等，2020）。

从黔西南州土壤全氮或速效氮变化来看，6 个主产烟县的植烟土壤全氮含量平均值为 2.44 g/kg，总体水平较高，6 个主产烟县土壤全氮平均值变幅范围为 0.97 ～ 4.27 g/kg；按植烟土壤全氮含量的高低对黔西南州 6 个主产烟县排序为：晴隆县＞兴义市＞兴仁市＞贞丰县＞普安县＞安龙县。黔西南州植烟土壤铵态氮平均值为 11.75 mg/kg，总体水平较适宜，变幅范围为 0.35 ～ 39.11 mg/kg，变异系数为 59.1%，变异程度属于强变异。黔西南州 6 个主产烟县的植烟土壤硝态氮平均值为 17.75 mg/kg，总体水平较适宜，6 个主产烟县土壤硝态氮变幅范围为 0.16 ～ 51.31 mg/kg，变异系数为 89.87%，变异程度属强变异（史改丽，2016）。

三、全磷和速效磷

贵州烟区土壤速效磷含量在 0 ～ 100.68 mg/kg，按照最适宜烟草生长土壤速效磷浓度区间为 10 ～ 20 mg/kg 来看，处于最适范围内所占比例约为 35.2%，高于最适土壤速效磷浓度比例为 30.7%。低于最适土壤速效磷浓度比例为 34.1%（秦松，2007）。

贵阳市速效磷平均含量 14.76 mg/kg，变幅 0.72 ～ 44.9 mg/kg。大于 20 mg/kg 的占贵阳市土样总数的 23.1%，10 ～ 20 mg/kg 的占 36.4%，5 ～ 10 mg/kg 的占 32.4%，＜ 5 mg/kg 的占 8.1%。贵阳市以开阳县植烟土壤速效磷含量最高，达到 20.27 mg/kg，其次为清镇市的 13.27 mg/kg，修文县、息烽含量较低，平均值分别为 9.57 mg/kg 和 9.93 mg/kg（任春燕等，2012）。

铜仁主要烟区土壤速效磷含量为 5.46 ～ 73.3 mg/kg，平均为 29.1 mg/kg，变异系数为 63.9%。从土壤速效磷含量分布来看，土壤速效磷含量＜ 10 mg/kg 的样本数占 10.0%；土壤速效磷含量 10 ～ 20 mg/kg 的样本数占 30.0%；土壤速效磷含量 20 ～ 40 mg/kg 的样本数占 33.3%；土壤速效磷含量＞ 40 mg/kg 的样本数占 26.7%。可见，速效磷总体含量集中在“中高”含量水平，大部分烟田磷肥施用合理，但有一定比例的土壤缺磷。与全磷相似，不同的烟区速效磷含量差别不大，但变异系数均较大，其中德江的变异系数最大，达 79.2%（何俊瑜等，2012）。

从毕节烟区土壤速效磷变化来看，金沙县主要植烟土壤速效磷含量在 2.79 ～ 20.01 mg/kg，平均 9.95 mg/kg。其中速效磷含量＜ 5 mg/kg 的低等肥力样本占 12.00%，速效磷含量在 5 ～ 10 mg/kg 的样本占 52.00%，在 10 ～ 20 mg/kg 的样本占 32.00%，而含量＞ 20 mg/kg 样本仅占 4.00%，即金沙地区速效磷含量基本处于中低等水平。而大方和威宁地区变异系数较大，速效磷含量各个等级均有，植烟土壤速效磷含量＜ 5 mg/kg 的低等肥力样本分别为 20.00% 和 27.59%，含量＞ 20 mg/kg 的高等肥力样本分别占 12.00% 和 10.35%（李玉宝等，2020）。从土壤类型来看速效磷适宜烤烟生长的比例分别为黄棕壤（80.00%）＞紫色土（73.92%）＞石灰土（73.34%）＞黄壤（70.56%）（张友杰等，2018）。

黔西南州6个主产烟县的植烟土壤全磷含量平均值为0.82 g/kg，总体上较高；6个主产烟县的植烟土壤全磷含量平均值变幅为0.29～1.91 g/kg；从变异系数看，6个主产烟县的植烟土壤全磷含量变异系数平均值为38.79%，变异程度属于中等强度变异。按植烟土壤全磷含量的平均值高低对黔西南6个主产烟县排序为：兴义市＞晴隆县＞贞丰县＞兴仁市＞安龙县＞普安县。黔西南州6个主产烟县的植烟土壤速效磷平均值为19.15 mg/kg，总体上较适宜；6个主产烟县的土壤速效磷含量平均值变幅为2.58～142.51 mg/kg，从变异系数看，6个主产烟县的土壤速效磷含量变异系数平均值为110.65%，变异程度属于强变异。按植烟土壤全磷含量的变异系数大小对黔西南州6个主产烟县排序为：兴义市＞安龙县＞普安县＞晴隆县＞兴仁市＞贞丰县（史改丽，2016）。

六盘水市主植烟区土壤速效磷含量普遍偏低。忠义地区土壤速效磷含量最高，为22.27 mg/kg，民主镇最低，为7.28 mg/kg。忠义、盐井、普田、果布戛、南开、坪寨和红岩等7个植烟区的土壤速效磷含量极显著高于其他植烟区，其含量分别为22.27 mg/kg、19.81 mg/kg、19.55 mg/kg、19.41 mg/kg、18.86 mg/kg、18.29 mg/kg 和 17.81 mg/kg，属适中水平；新民、保田、大山和民主等4个植烟区的土壤速效磷含量均＜10 mg/kg，属缺乏水平。各植烟区土壤速效磷含量的加权平均值为13.18 mg/kg，但从含量分布看，＜10 mg/kg的分布比例为55.70%，＞20 mg/ kg的分布比例仅为15.60%（张友杰等，2018）。

四、速效钾

贵州烟区土壤速效钾含量在13.96～698.18 mg/kg，按照最适宜烟草生长土壤速效钾浓度区间为150～220 mg/kg来看，处于最适范围内所占比例约为25.3%，高于最适土壤速效钾浓度比例为10.8%，低于最适土壤速效钾浓度比例为63.9%（秦松，2007）。

贵阳市速效钾含量平均值137.25 mg/kg，变幅34.2～349.7 mg/kg。

＞ 200 mg/kg 的占贵阳市土样总数的 9.4%，150 ～ 200 mg/kg 的占 28.37%，70 ～ 150 mg/kg 的占 44.6%，＜ 70 mg/kg 的占 17.56%。贵阳市植烟土壤速效钾含量以清镇市最高，平均达到 163.8 mg/kg，其次为开阳县，为 161.49 mg/kg，含量最低的为修文县、息烽县，平均值为 98.35 mg/kg 和 93.1 mg/kg（任春燕等，2012）。

贵州铜仁主要烟区植烟土壤全钾含量在 4.0 ～ 40.03g/kg 范围，平均为 12.73 g/kg，其中，石阡的全钾含量最低，思南的最高。德江、石阡、思南和江口全钾含量达到中等以上水平，含量＞ 15.00 g/kg 的分别占 22.73%、36.36%、4.760%、8.00%，而全钾含量＜ 10.00 g/kg 的分别为 45.45%、45.45%、33.33%、0.00%（何俊瑜等，2012）。

毕节烟区土壤速效钾基本处于中等以下水平。其中，金沙地区速效钾含量中等以下的占 96.00%，丰富的占 4.00%；大方地区速效钾含量中等以下的占 88.00%，丰富的占 8.00%，很丰富的占 4.00%；威宁地区速效钾含量中等以下的占 89.66%，丰富的占 3.45%，很丰富的占 6.90%（李玉宝等，2020）。速效钾在临界值以上的比例为黄棕壤（88.56%）＞黄壤（83.6%）＞石灰土（83.33%）＞紫色土（56.52%）（张友杰等，2018）。

黔西南州植烟土壤速效钾平均值为 202.91 mg/kg，总体上较适宜，变幅范围为 22.09 ～ 828.64 mg/kg，变异系数为 75.60%，变异程度属于强变异。黔西南州 6 个主产烟县的植烟土壤样本速效钾含量处于适宜范围内的样本有 15.63%，植烟土壤样本中有 14.58% 和 36.46% 分别处于“极低”和“低”范围，两者共占到样本量的 51%，而植烟土壤样本处于“高”和“很高”共占 33.3%（李玉宝等，2020）。

六盘水市主植烟区的土壤速效钾含量属丰富至适宜的水平，金盆、南开和勺米 3 个植烟区的土壤速效钾含量极显著高于其余植烟区，其含量分别为 319.74 mg/kg、319.07 mg/kg 和 317.61 mg/kg；民主和珠东 2 个植烟区的土壤速效钾含量＜ 150 mg/kg，分别为 134.06 mg/kg 和 112.01 mg/kg。各植烟区土壤速效钾含量的加权平均值为 227.70 mg/kg，以 150 ～ 220 mg/kg 及 220 ～ 350 mg/kg 的分布比例最多，分别占 28.91%

和 33.56%（蒋诗栋等，2016）。

五、其他元素

除了土壤中有机质与大量元素变化外，贵州烟区土壤中微量元素变化也具有一定特点。以交换性钙来看，贵州烟区土壤交换性钙含量为 0.10 ～ 23.84 mg/kg，按照最适宜烟草生长土壤交换性钙浓度区间为 2.0 ～ 3.0 mg/kg 来看，处于最适范围内所占比例约为 18.7%，高于最适土壤交换性钙浓度比例为 64.4%，低于最适土壤交换性钙比例为 16.8%。从钙浓度分布来看，贵州大部分烟区 Ca 浓度相对充足，基本满足烟草正常的生长与发育（秦松，2007）。

从交换性镁来看，贵州大部分烟区 Mg 浓度相对充足，贵州烟区土壤交换性镁含量为 0.01 ～ 8.32 mg/kg，按照最适宜烟草生长土壤交换性镁浓度区间为 0.41 ～ 0.82 mg/kg 来看，处于最适范围内所占比例约为 32.8%，高于最适土壤交换性镁浓度比例为 44.4%，低于最适土壤交换性镁比例为 22.8%（秦松，2007）。

贵州烟区大部分烟区土壤具有较高的 S 含量。土壤有效硫含量为 2.03 ～ 239.81 mg/kg，按照最适宜烟草生长土壤交换性硫浓度区间为 20 ～ 30 mg/kg 来看，处于最适范围内所占比例约为 21.6%，高于最适土壤交换性硫浓度比例为 65.3%，低于最适土壤交换性硫比例为 13.0%。

从 Cu 浓度分布来看，贵州大部分烟区土壤不缺 Cu，贵州烟区土壤有效铜含量为 0.26 ～ 14.81 mg/kg，按照最适宜烟草生长土壤交换性铜浓度为 1 mg/kg 来看，高于最适土壤交换性铜浓度比例为 79.0%，低于最适土壤交换性铜比例为 21%。

从 Zn 浓度分布来看，贵州大部分烟区土壤不缺 Zn，贵州烟区土壤有效锌含量为 0.11 ～ 25.10 mg/kg，按照最适宜烟草生长土壤交换性锌浓度为 0.5 ～ 1.0 mg/kg 来看，处于最适范围内所占比例约为 19.1%，高于最适土壤交换性锌浓度比例为 78.6%，低于最适土壤交换性锌比例为 2.3%。

从 Fe 浓度分布来看，贵州大部分烟区土壤不缺 Fe，贵州烟区土壤有效铁含量为 1.00 ～ 342.6 mg/kg，按照最适宜烟草生长土壤有效铁浓度为 4.5 mg/kg 来看，高于最适土壤交换性铁浓度比例为 92.5%，基本上能够保证烟草生长对铁的需求（秦松，2007）。

从 Mn 浓度分布来看，贵州大部分烟区土壤不缺 Mn，土壤有效锰含量为 1.00 ～ 228.9 mg/kg，按照最适宜烟草生长土壤有效锰浓度为 45.85 mg/kg 来看，高于最适土壤交换性锰浓度比例为 98.5%，低于最适土壤有效锰比例为 1.3%。

贵州烟区土壤有效硼含量为 0.01 ～ 1.58 mg/kg，按照最适宜烟草生长土壤有效硼浓度为 0.5 ～ 1.0 mg/kg 来看，处于最适范围内所占比例约为 15.1%。高于最适土壤有效硼浓度比例为 0.6%，低于最适土壤有效硼比例为 84.3%（秦松，2007）。

参考文献

蔡凯，高维常，潘文杰，等，2022. 贵州烟田土壤 pH、交换性钙镁和 $CaCO_3$ 含量分布特征及其相互关系 [J]. 土壤通报，53(3):532-539.

曹志洪，1995. 优质烤烟生产的钾素与微肥 [M]. 北京：中国农业科技出版社.

丁伟，2002. 贵州植烟土壤微量元素含量状况与微肥施用 [J]. 烟草科技，11:35-38.

冯勇刚，张霓，闫献芳，等，2003. 贵州植烟土壤养分适宜性研究与烟地管理 [J]. 贵州农业科学，31(6):22-25.

符云鹏，王小翠，陈雪，等，2013. 毕节烟区土壤 pH 值分布状况及与土壤养分的关系 [J]. 土壤，45(1):46-51.

何俊瑜，陈博，陈秀兰，等，2013. 贵州铜仁地区主要烟区植烟土壤养分状况 [J]. 土壤，44(6):953-959.

胡向丹，邓小华，王丰，等，2014. 黔西南州植烟土壤 pH 分布特征及其与土壤养分的关系 [J]. 安徽农业大学学报，41(6):1070-1074.

蒋诗栋，王丹林，王旭，等，2016. 六盘水市主植烟区的土壤肥力分析 [J]. 贵州农业科学，44(7):49-53.

黎妍妍，丁伟，李传玉，等，2007. 贵州烟区生态条件及烤烟质量状况分析 [J]. 安全与环境学报，7(2):96-100.

李玉宝，王鹏，张永革，等，2020. 贵州毕节主要植烟区土壤肥力综合评价 [J]. 安徽农业科

学 ,48(24):156-160.

刘超，2014. 贵州乌蒙烟区清甜香烤烟品质与农业地质背景及土壤养分特征分析 [D]. 郑州 : 河南农业大学 .

刘杰 , 谭智勇 , 周兴华 , 等 ,2022. 铜仁市植烟土壤交换性钙镁空间分布特征及其影响因素分析 [J]. 核农学报 ,36(4):812-819.

彭玉龙 , 郑梅迎 , 刘明宏 , 等 ,2019. 遵义烟田土壤 pH 的空间分布与演变特征 [J]. 中国烟草科学 ,40(3):47-54.

秦松，2007. 贵州烟区营养环境与烟叶质量的关系 [D]. 重庆 : 西南大学 .

任春燕，2012. 贵阳市土壤养分空间变异特征及其植烟适宜性评价 [D]. 长沙 : 湖南农业大学 .

史改丽，2016. 黔西南州烟区植烟土壤理化性状分析与评价 [D]. 长沙 : 湖南农业大学 .

沈玉叶 , 张忠启 , 王美艳 , 等 ,2020. 毕节植烟区土壤 pH 的分布特征及其与主要养分的相关性 [J]. 贵州农业科学 ,48(10):44.

王晖 , 丁伟 , 许自成 , 等 ,2006. 贵州烟区紫色土养分状况的综合评价 [J]. 贵州农业科学 ,34(6):55-57.

张恒 , 王晶君 , 孟琳 , 等 ,2013. 贵州省典型植烟土壤氮素矿化研究 [J]. 中国烟草科学 ,34(3):1-5.

张龙 , 张忠启 , 蔡何青 , 等 ,2023. 贵州毕节植烟区土壤 pH 空间分布特征及对施肥的影响 [J]. 土壤 ,55(1):85–93.

张西仲 , 罗红香 , 周再军 , 等 ,2012. 黔南植烟土壤的养分状况 [J]. 贵州农业科学 ,40(10):96-99.

张友杰 , 喻奇伟 , 刘志广 , 等 ,2018. 毕节烟区主要土壤类型养分特征分析 [J]. 江西农业学报 ,30(2):59-63.

第七章

贵州蜜甜香烟叶产区施肥技术

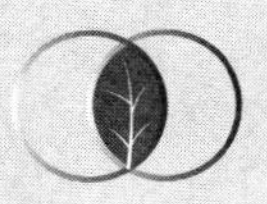

香型是烟叶质量风格特色的重要表现特征，是中式卷烟风格的重要构成因素。我国贵州烟区属亚热带湿润季风气候，光照资源丰富。该区山地特点突出，降雨充沛，雨热同季，光温互补，整体上气候条件具有“温度较高、昼夜温差小、降雨中等、光照和煦”等特点。这为烤烟光合作用和干物质积累提供了重要保障，并造就了独特烤烟风味，其中蜜甜香型烤烟是典型代表风味之一。贵州烟区以蜜甜香烟为主的烟区有遵义、贵阳、毕节中部和东部、黔南、黔西南中部和东部、六盘水中部和东部、黔东南和铜仁等地区（乔学义等，2016）。郑州烟草研究院罗登山提出，贵州蜜甜香型烟叶糖类物质含量低于清甜香型产区烟叶，糖类含量较高。此外，蜜甜香烟草含氮物质略低：全氮1.2%～1.7%，总植物碱1.6%～2.6%；氯含量略低：0.1%～0.3%；钾含量中等：1.5%～2.4%。正是由于其地理位置与生态环境的特点，形成了独特的烤烟风味。鉴于贵州烟区土壤肥力总体变化复杂多样，部分烟区土壤养分分布不均与施肥不规范严重影响了烤烟品质，因此，本章结合前面的调查内容对贵州烟区土壤肥力情况进行总结，为生产优质蜜甜香优质烤烟施肥策略提供依据，下面根据产区土壤肥力特点提出施肥建议。

第一节
贵州蜜甜香烟区各地土壤养分需求

一、遵义市

遵义市作为蜜甜香烤烟的主要生产烟区，其土壤全氮处于较高水平，土壤有机质、碱解氮、有效磷总体处于一般水平（邵代兴等，2017）。从各个县区分布来看，遵义市土壤大量元素肥力大致表现为东南到西北方向逐渐降低的趋势。大致可分为5个类型。播州区单独为一类，也是土地肥料最为肥沃区域，其土壤表现特点为高氮、高磷、中钾。湄潭县、余庆县、道真自治县、务川自治县4个县为一类，属于中氮、中磷、高钾。绥阳县单独为一类，土壤类型属于中氮、中磷、中钾区。桐梓县、凤冈县、正安县为一类，土壤类型为中氮、中磷和低钾。仁怀市单独为一类，土壤肥力排名最低，为低氮、低磷和中钾区（陈杰，2007）。从近十年土壤变化来看，遵义地区土壤钾含量仍在增加，缓效钾与速效钾分别增加了36.43%和57.25%。土壤有机质、全氮、碱解氮、有效磷和土壤pH平均分别下降23.71%、18.62%、16.78%、49.88%和0.52（张恒等，2020）。从变化来看，土壤中的有效磷和pH下降速度较快，而土壤钾含量上升过高。综上，遵义植烟区总体土壤大量元素适中，但个别地区仍然需要适量补充氮肥，例如，湄潭县、余庆县、道真自治县、务川自治县、桐梓县、凤冈县、正安县和仁怀市等。需要注意磷肥施用的地区有湄潭县、余庆县、道真自治县、务川自治县、桐梓县、凤冈县、正安县和仁怀市。需要注意钾肥的施用烟区有桐梓县、凤冈县、正安县等。

除了植烟区土壤大量元素外，微量元素也需要注意，遵义地区总体表现为Ca含量目前处于适宜范围之内，Mn含量总体偏高，而Mg、Cu、Zn、Fe等中微量元素基本处于适宜或者偏低水平，土壤Mo元素比较缺乏（石翔等，2017）。霍沁建等（2009）按照土壤微量元素进行划分将遵义市分为三大类：第一类是南部的余庆，其特点为高硼、中锌、高铜和中氯。第二类为北部的道真、桐梓、湄潭、凤冈和务川，其特点为低硼、低锌、中铜和低氯。第三类为中部的绥阳、正安、怀仁和播州区，其特点为低硼、低锌、中铜和中氯。因此遵义植烟区应该根据土壤分布特点，对于土壤微量元素进行适当调整和补充。

二、贵阳市

贵阳烟区土壤元素研究表明，土壤目前以偏酸性为主，土壤有机质丰富，但土壤全氮与速效磷和全钾处于一般水平，土壤全磷含量较低（任春燕等，2012）。因此在贵阳市的烟草种植中要注意肥料的种类，适当使用生石灰来调节土壤酸碱度，控制全氮的使用，适当补充全磷与全钾。从贵阳市6个植烟区土壤微量元素来看，贵阳市烟区土壤普遍缺硼，而土壤中有效硫、有效铁和有效锰含量过高，其他元素处于适宜水平。因此，在烟草种植过程中应该适当补充硼元素（李洪勋等，2015）。

三、毕节市

由于毕节地形地貌条件复杂，地带性和非地带性土壤并存，因此导致毕节烟区土壤pH、土壤养分空间变异性强（张龙等，2023）。总体来看，毕节市23.86%的土壤有机质含量在丰富水平，而仍有38.57%的土壤有机质处于低等水平；速效氮含量总体较为丰富，有58.9%的土壤样品都处于偏高水平（张龙等，2023）；李玉宝等（2020）研究发现金沙地区速效氮和全氮含量较高的均占88%；大方地区有机质含量很丰富的土壤占8.00%，较低及以下的占24.00%，速效氮和全氮含量偏高的分别占68.00%和80.00%。威宁地区有机质含量较低及以下水平的土壤比例为51.72%，速效氮含量较高的占20.69%（李玉宝等，2020）。总体来看，金沙地区土壤有机质含量较高，大方地区和威宁地区土壤有机质含量较低，应该适当补充有机肥，此外，威宁地区应该注意增加氮肥的投入。毕节地区速效磷含量普遍处于较低水平，有53.24%的土壤含量较低。速效钾含量较低，处于较低及以下水平的占53.24%（张龙等，2023）。从各个地区已报道的数据来看，金沙地区土壤速效磷、速效钾含量在中等偏下水平，大方烟区土壤速效磷含量＜5 mg /kg的低等肥力样本占20.00%，含量＞20 mg /kg的高等肥力样本占12.00%，钾含量基本处于中等偏低水平。此外，威宁地区土壤速效磷含量＜5 mg /kg的低等肥力样本占27. 59%，含量＞20 mg /kg的高等肥力样本占10.5%。钾含量基本处于中等偏低水平。总体来看，毕节地区土壤在种植烟草时应该重点注意磷肥和钾肥的投入，以保证优质烤烟生长，总体上做到“控氮、增磷、补钾”。

从其他营养元素来看，毕节烟区土壤其他元素相对丰富，例如金沙地区土壤中具有丰富的硫元素和锌元素，除了铜元素低于临界值外，其他分布均处于中等偏上水平。大方地区土壤中有效锌处于中等偏上水平，水溶性氯含量适宜，有效硫含量丰富，有效铜含量低于临界值 1 mg/kg 的土样占 16.00%，其余均在中等以上水平。威宁地区有效硫含量丰富，土壤有效锌和有效铜含量低于临界值 1 mg /kg 的占比分别为 10.34% 和 17.00%（李玉宝等，2020）。总体来看，毕节地区烟草种植应该注意铜肥与锌肥的投入。此外，毕节地区应该注意土壤 pH 问题，适当地通过土壤改良或控制化肥施入量来调节土壤 pH 的变化，这也有利于保持土壤中的速效钾、有机质和速效磷的含量（沈玉叶等，2020），同时也有利于维持土壤中 Zn、Fe 和 Mn 的含量（刘国顺等，2012）。周焱等（2002）对毕节烟区地膜栽培条件下有机 - 无机肥施用配比提出了研究方案，建议在地膜栽培条件下，有机与无机肥配比以有机肥占比 35% ～ 50% 为最适宜，植株长势良好，施肥深度应该在 20 ～ 23.3 cm 最好，采取双层施肥的效果最佳。

四、铜仁市

铜仁烟区土壤有机质大部分满足烤烟生产要求，但有一部分烟田土壤有机质过高，例如石阡，但其也存在空间差异大问题，这一部分烟田应该注意尽量少施有机肥和氮肥。从各烟区全氮的分布来看，石阡土壤含氮量较高，总体大于＞ 2.00 g/kg，而德江、思南和江口含氮量相对较低，总体上铜仁主要植烟土壤全氮含量基本处于中等偏上水平（何俊瑜等，2012）。此外，铜仁烟区土壤速效磷总体含量集中在中、高水平，大部分烟田磷肥施用合理，但有一定比例的土壤缺磷。不同的烟区速效磷含量差别不大，但变异系数均较大，其中德江的变异系数最大。德江和石阡缺磷烟田所占的比例最多。此外，大部分烟田钾营养的供给仍严重不足，应充分重视钾肥的施用，同时钾肥的适宜用量应根据土壤供钾情况，以及铜仁地处武陵山区，降水量较丰富、钾肥易淋失的特点科学确定（何俊瑜等，2012）。

铜仁烟区植烟土壤交换性钙含量比较适宜，思南土壤交换性钙最高，德江最低。但有 33.33% 的土壤有不同程度的缺钙，德江土壤潜在缺钙最多，所占的比例为 40.91%，石阡和思南缺钙占的比例较大，分别为 13.64% 和 14.29%。铜仁土壤交换性镁含量在适宜至丰富范围内，其中有 18.89% 的土壤缺镁，特别是思南。铜仁主要烟区植烟土壤有效硫含量总体水平丰富，其中石阡土壤平均有效硫最高，思南最低，因此，在烤烟生产上要因地制宜，在烟草专用肥施用的基础上，合理施用钙、镁、硫肥（田劲松等，2011）。此外，铜仁地区土壤有效铁和有效锰含量极丰富，水溶性氯含量适宜，有效硼含量较低，属缺乏状态，急需补充（陈博等，2012）。

五、黔东南州

杨通隆和王庭清（2015）对黔东南州植烟土壤肥力进行调查后发现，该区土壤有机质总体含量（50 ～ 30 g/kg）适宜，有利于优质烟叶的生长。而施秉、天柱、黄平和镇远烟区由于部分规划烟地有机质含量过高，容易造成植株后期氮肥过大，不利于落黄，易造成烟叶烟碱的积累。黔东南州土壤含氮量普遍适宜，正常施入氮肥基本满足当地烟叶的生长。全州土壤有效磷适宜含量仅达到 29.35%，有相当一部分土地缺磷，因此，对于缺磷地区的土壤应该补充磷肥，而对于相对磷含量丰富的土壤也应该注意控制磷肥的施入量。此外，黔东南州植烟区总体来看钾含量丰富，但在各个烟区间的分布极不均匀，还有 1/3 左右的烟区缺钾，因此应该注意这些烟区土壤中钾含量的补充。

通过黔东南州土壤微量元素变化情况来看，黔东南烟区 3/4 的土壤中普遍缺铜和硼，适宜比例分别仅为 20.99% 和 19.97%，与此同时，该地区土壤锌浓度也相对缺乏，适宜比例仅为 37%（杨通隆和王庭清，2015），因此，在烟草种植过程中应该及时补充硼、铜和锌等肥料。此外，全州植烟土壤镁离子含量较为丰富，为了避免因为补充磷肥而造成土壤中过多的钙、镁等离子积累，降低烟叶品质，因此建议磷肥选择磷胺或重过磷酸钙。

六、黔西南州

黔西南州植烟土壤以黄壤为主，土壤质地以重黏土为主。土壤中有机质含量总体上较高，主要为 36.61 ～ 43.42 g/kg。此外，烟区土壤全氮总体上较高，而碱解氮、铵态氮和硝态氮总体水平适宜。与此同时，全州烟区土壤全磷含量总体上较高，而速效磷含量处于中等偏低水平。缓效钾和速效钾含量总体上略偏低。因此，从全州范围来看应该适当补充钾元素。从地理位置分布来看，全州土壤全氮含量有从北部和南部向中部方向减少的趋势，碱解氮含量有从东南部向西北部方向减少的趋势，铵态氮含量有从中部方向分别向东北部和西南部减少的趋势，硝态氮含量有从东北部向西南部方向减少的趋势，全磷、速效磷含量有从中部方向分别向西北部和东南部减少的趋势，缓效钾、速效钾含量有从西南部向东北部含量减少的趋势（史改丽，2016；胡岗等，2018）。

黔西南州植烟土壤交换性钙、交换性镁、有效铁和有效锰含量丰富，有效铜、有效锌、有效硼和有效钼含量适宜，但存在空间分布不均问题（王韦燕等，2021）。此外，土壤有效锌含量会抑制烤后烟叶总糖、还原糖含量的积累，而有效镁、有效铜和有效钼会增加烤后烟叶的总糖和还原糖含量。因此，总体上看，黔西南地区土壤微量元素总体适宜，但应该注意镁、铜与钼肥的施用，不宜过多或过少。

七、六盘水

六盘水烤烟生长的土壤营养状况表明，其土壤有机质和全氮含量丰富，大部分植烟土壤有机质含量和全氮含量偏高，应适当限制氮肥和有机肥的施用量。六盘水烟区植烟土壤全磷含量较高，而新民、保田、大山和民主 4 个乡镇的有效磷含量较低，这 4 个植烟乡镇应根据具体的地块适当增施磷肥。此外，六盘水大部分乡镇植烟土壤的供钾潜力较强，蟠龙、猴场、珠东和民主的有效钾含量较低，应根据具体的地块适当增施钾肥。

从六盘水土壤微量元素变化来看，有效锌、有效硼含量属中等水平；水溶性氯含量优于优质烤烟生产的氯素最佳水平。六盘水烟区植烟土壤有效硫含量高，应该控制硫肥的施入，若继续施入硫肥，将会降低烟叶品质。此外，六盘水烟区植烟土壤的有效锰、有效铁和有效铜含量均可满足烤烟正常生长发育的需求。蟠龙和猴场两个乡镇的土壤有效铜含量低于临界值，需补充铜肥（王忠宇等，2009）。

八、黔南州

黔南烟区土壤有机质总体处于中等或丰富水平，有效磷含量丰富，有效钾处于中等，因此，在该州的施肥过程中应该注意提钾问题（张西仲等，2012）。此外，从其他元素来看，黔南土壤普遍多钙、多硫。微量元素铁、锰、铜和锌相对充足，但硼与钼元素普遍缺乏，全州长顺、独山、贵定、瓮安、福泉和平塘 6 个县皆有不同程度的表现，因此应该重点注意几种肥料的施入。此外，瓮安、福泉和平塘植烟土壤镁元素也表现过高，而长顺、独山、贵定烟区总体表现缺镁，因此这些地区应该注意镁肥的施入（韩忠明等，2008）。

第二节
贵州蜜甜香烟区施肥技术

烟草生长在不同生育期对肥料的需求不同，一般烟苗在苗床期至十字期间对肥料的需求较小，十字期以后对肥料的需求则显著增加，以移栽 15 d 内需肥量最多。移栽后 30 d 内养分吸收较少，此时吸吸氮、磷和钾分别占生育期总量的 6.6%、5.0% 和 5.6%。由于烟草育秧时间短，要求生长快、苗齐、苗壮。因此在苗床期的烟苗其施肥特点是要求基肥足、追肥均匀而及时。苗期可以使用喜百农菌毒一冲清，可以预防姜瘟病等根部病害。苗床应施用腐熟的有机肥，农家肥以猪粪最好，因为猪粪含磷、钾较高，而且碳、氮比值小，容易形成硝酸盐，养分易分解。要注意肥料中不能含烟叶碎屑及茄科植物的残根烂叶，如茄子秧、辣椒秧、马铃薯秧等。

大量吸肥时期是在移栽后的 45 ～ 75 d 左右，养分吸收高峰期在团棵和现蕾期，这一时期烟草氮吸收量分别占生育期养分吸收总量的 44.1%、五氧化二磷占 50.7%、氧化钾占 59.2%。此后各种养分吸收量逐渐下降，由于打顶后会发出次生根，因此对土壤养分的需求又有进一步回升，此时氮肥施入量不宜过多，否则会造成烟草营养生长过于旺盛，烟草品质下降，不易烘烤。鉴于贵州烟区的特点，增施有机肥与控释肥可能是适合烟草生产的有效方法，在增施有机肥的基础上应该注重氮、磷和钾肥的施用，同时也应该注意镁、硼、硫、钙和铜等元素的补充。

烟草移苗后应该注意田间肥料的施用，通常为了促进烟草前、中期的生长，应重视施用基肥，一般将总施肥量的 2/3 用作基肥。基肥应以农家肥和饼肥为主，混合磷、钾肥和少量氮肥。有机肥和适量的烟草专用肥作基肥，结合翻地、耙地、起垄时施入。在中等肥力地上种烤烟，一般每亩施腐熟的有机肥 1000 ～ 2500 kg。每亩施腐熟的有机肥 300 ～ 600 kg、烟草专用肥 15 ～ 25 kg，或饼肥、煮熟的豆粒、硝酸铵、过磷酸钙，在栽烟时作种肥施入。饼肥用量每亩 20 ～ 30 kg、过磷酸钙 10 ～ 15 kg、硝酸铵 5 ～ 10 kg。饼肥是烟草的优质肥料，对烟草品质有良好的影响。追肥的时期宜早，把腐熟农家肥、炕土、饼肥、草木灰、烟草专用肥在缓苗后或移栽后 30 d 内施入，每亩追施专用肥 20 ～ 30 kg。苗期至收获前 30 d 内均可喷施氨基酸叶面肥，必要时在氨基酸叶面肥的稀释液中加入 0.2% ～ 0.3% 的喜百农磷酸二氢钾进行喷施，对增强烟草植株长势、提高烟叶质量和产量有明显的效果。但为了满足整个生育期的烟苗的生长，建议在烟草的生长过程中进行追肥，为了满足烟草旺长期对养分的需要，追肥应在团棵以前，即移栽后 25 ～ 30 d 内进行，不宜过晚。一般追施 1 ～ 2 次氮肥即可。慎用氮肥：为了解决烟草产量与品质的矛盾，烟草生产上提出适产、优质的新概念，因此，根据土壤速效氮含量的多少，中等烟田氮素用量最多不可超过 4 kg/ 亩。重施钾肥：烟草是喜钾作物，吸钾量是氮磷钾中最多的。因此，必须供应充足的钾肥才能获得优质烟叶。烟草的施钾量一般为施氮量的 2 ～ 3 倍。但由于贵州烟区土壤养分空间变异程度较大、土壤养分分布相对不均匀、土质多元化等特点，因此推荐施用控释肥，可以根据当地土壤肥力特点对于不同地区提供针对性方案。

当前，根据烟草对营养元素的需求特点，适合的烟草专用控释肥可以被使用，常见的烟草控释肥配比有 22-8-12（$N-P_2O_5-K_2O$）、18-9-19（$N-P_2O_5-K_2O$）、17-9-17（$N-P_2O_5-K_2O$）等。由于各大量元素所占比例不同，因此，可以根据当地土壤养分特点进行选择，比如，根据前文贵州烟区养分分布状况可知，遵义的大部分地区（湄潭县、余庆县、道真自治县、务川自治县、桐梓县、凤冈县、正安县、仁怀市），贵阳的铜仁部分地区（德江、思南和江口）土壤氮素相对不足；遵义部分地区（有湄潭县、余庆县、道真自治县、务川自治县、桐梓县、凤冈县、正安县和仁怀市），贵阳毕节部分地区（金沙、大方和威宁），黔东南的大部分地区，黔西南的中部向西北部和东南部地区土壤全磷或速效磷严重缺乏；遵义的部分地区如桐梓县、凤冈县、正安县等，毕节的大部分地区，铜仁大部分烟区，黔西南部分地区土壤缺钾。因此这些地区应选择本地区所缺少元素占比较高的控释肥进行施入。通常控释肥施肥时间建议在春季和夏季，肥料可以作为烟草底肥施用，一般肥料可进行穴施或者条沟施。一般穴施在烟苗 6 ～ 8 cm 处。条沟施时注意种肥隔离，肥料一般在种子侧下方 6 ～ 8cm 处施加，施用量一般为 35 ～ 45 kg。在使用控释肥时应该注意土壤温度和水分，及时进行追肥，在团棵期或旺长期建议追施硫酸钾。此外，在使用控释肥时后期也要根据烟苗的生长情况适当补充 1 ～ 2 次氮肥，以保证烟草的优质生长。

此外，贵州烟区应该注重微肥的施入，遵义北部与中部地区如道真、桐梓、湄潭、凤冈、务川、绥阳、正安、怀仁和播州区等地土壤中硼、锌和铜含量普遍偏低。贵阳植烟土壤普遍缺少硼，铜仁地区烟区土壤普遍缺硼，德江烟区土壤普遍缺钙，思南烟区土壤缺镁，黔东南地区烟区土壤普遍缺少硼与铜，六盘水部分烟区应该补充铜肥，黔南部分地区缺镁等，因此在烟草的种植过程中，这些地区应该根据烟草的生长需求进行微肥补充。缺硼我们建议用 0.1% ～ 0.25% 的硼砂溶液叶面喷施或每亩用 0.5 kg 的硼砂与其他肥料混合施用。缺镁用 0.2% ～ 0.5% 的硫酸镁溶液进行 2 ～ 3 次喷施或每亩施用硫酸镁 10 ～ 15 kg。缺锌我们建议用 0.1% ～ 0.2% 的硫酸锌溶液叶面喷施 2 ～ 3 次。

参考文献

陈博，任艳芳，段建军，等，2012. 贵州铜仁主要烟区植烟土壤有效态微量元素含量及评价 [J]. 西北农业学报，21(7):107-111.

陈杰，唐远驹，梁永江，等，2007. 遵义市植烟土壤养分状况分析 [J]. 中国烟草科学，28(5):41-44.

韩忠明，黄刚，李章海，等，2008. 黔南州烟区植烟气候和土壤生态条件分析 [J]. 贵州农业科学，36(6):20-23.

何俊瑜，陈博，陈秀兰，等，2012. 贵州铜仁地区主要烟区植烟土壤养分状况 [J]. 土壤，44(6):953-959.

胡岗，秦松，王文华，等，2018. 不同轮作措施对黔西南州烟区土壤碳 / 氮养分的空间特异特征 [J]. 贵州农业科学，46(8):55-58.

霍沁建，李家俊，梁永江，等，2009. 贵州遵义植烟土壤微量元素含量状况及分析 [J]. 中国烟草科学，30(4):37-42.

李洪勋，王龙昌，罗焕平，等，2015. 不同土种土壤养分含量与烤烟质量的关系 [J]. 河南农业科学，44(9):32-35+44.

李玉宝，王鹏，张永革，等，2020. 贵州毕节主要植烟区土壤肥力综合评价 [J]. 安徽农业科学，48(24):156-160.

刘国顺，腊贵晓，李祖良，等，2012. 毕节地区植烟土壤有效态微量元素含量评价 [J]. 中国烟草科学，33(3):23-27.

乔学义，王兵，吴殿信，等，2016. 典型产地烤烟烟叶香气风格特征 [J]. 烟草科技，49(9):70-75.

任春燕，吴永琴，周建云，等，2012. 贵阳市植烟土壤养分状况及适宜性评价 [J]. 作物研究，26(B11):55-57.

邵代兴，周开芳，刘红，等，2017. 遵义市耕地土壤的养分含量及其变化趋势 [J]. 贵州农业科学，2017,45(5):62-65.

沈玉叶，张忠启，王美艳，等，2020. 毕节植烟区土壤 pH 的分布特征及其与主要养分的相关性 [J]. 贵州农业科学，48(10):44-49.

石翔，夏志林，管世栓，等，2017. 遵义市部分烟区烤烟中、微量元素含量及其空间分布 [J]. 植物营养与肥料学报，23(3):765-773.

史改丽，2016. 黔西南州烟区植烟土壤理化性状分析与评价 [D]. 长沙：湖南农业大学 .

田劲松，龙文，徐兴强，等，2011. 铜仁地区植烟土壤主要养分特征分析 [J]. 江西农业学报，23(8):5-8.

王韦燕，常乃杰，胡向丹，等，2021. 黔西南土壤养分与烤烟糖含量的关系 [J]. 植物营养与肥料学报，27(11):2010-2018.

王忠宇，何建华，瞿鸿飞，等，2009. 六盘水植烟土壤主要养分特征分析 [J]. 贵州农业科学，37(7):68-71.

杨通隆，王庭清，2015. 黔东南州主要植烟土壤的养分特征分析及施肥技术 [J]. 湖南农业科学，1:60-63.

张恒，黄莺，刘明宏，等，2020. 基于空间插值法的遵义烟区植烟土壤养分时空变化 [J]. 中国烟草科学，41(3):36-43.

张龙，张忠启，蔡何青，等，2023. 贵州毕节植烟区土壤 pH 空间分布特征及对施肥的影响 [J]. 土壤，55(1): 85-93.

张西仲，罗红香，周再军，等，2012. 黔南植烟土壤的养分状况 [J]. 贵州农业科学，40(10):96-99.

周焱，魏成熙，2002. 毕节地区烤烟合理施肥技术的研究 [J]. 耕作与栽培 (3):33-34.